本书由全球变化研究国家重大科学研究计划项目"我国典型海岸带系统对气候变化的响应机制及脆弱性评估研究"第四课题"气候变化下海岸带脆弱性的综合评估与应对策略"(2010CB951204)和海洋公益性行业科研专项经费项目"长江三角洲海岸侵蚀灾害辅助决策系统"(200705020)共同资助

长江三角洲海岸侵蚀灾害辅助决策系统关键技术及实现

李　行　周云轩　陈沈良　田　波　著

科学出版社

北　京

内 容 简 介

在全球变暖和人类活动的双重影响下,海岸系统正经历着巨大的变化,海岸侵蚀的范围和强度也在逐渐增加,使得人类生产和生活面临潜在的威胁。本书在遥感和 GIS 技术的支持下,围绕长江三角洲海岸侵蚀和海岸带管理,主要研究了非平直岸线变化分析方法、岸线变化与流域来沙减少之间的关系、潮滩及水下地形数据的获取与精确模拟方法、淤泥质海岸侵蚀风险评估方法及海岸侵蚀决策支持框架,在此基础上设计并开发了长江三角洲海岸侵蚀辅助决策系统。

本书可以供高校及科研院所河口海岸相关专业的科研人员使用,对于国家和地方海岸带规划管理部门的技术人员也具有重要的参考价值。

图书在版编目(CIP)数据

长江三角洲海岸侵蚀灾害辅助决策系统关键技术及实现/李行等著.—北京:科学出版社,2016.1
　　ISBN 978-7-03-046196-4

　　Ⅰ.①长…　Ⅱ.①李…　Ⅲ.①长江三角洲-侵蚀海岸-决策系统-研究　Ⅳ.①P737.12

中国版本图书馆 CIP 数据核字(2015)第 262046 号

责任编辑:许　健
责任印制:谭宏宇 / 封面设计:殷　靓

科 学 出 版 社 出版
北京东黄城根北街 16 号
邮政编码:100717
http://www.sciencep.com

南京展望文化发展有限公司排版
江苏凤凰数码印务有限公司印刷
科学出版社发行　各地新华书店经销

*

2016 年 1 月第 一 版　开本:B5(720×1000)
2016 年 1 月第一次印刷　印张:11 1/2　插页:4
字数:251 000

定价:91.00 元

前　　言

　　长江三角洲是我国最大的经济核心区,正在崛起成为世界第六大城市群。上海市又是长江三角洲最重要的城市,在国家经济战略布局中占有重要地位。经过三十多年的经济高速增长,土地资源短缺已成为该区域未来经济发展的主要瓶颈之一。近年来,河口与海岸带开发力度逐渐加大,新的开发构想不断提出,如"海洋新城和深水新港"、"长江口亚三角洲"等,加上已有的长江口深水航道工程和正在实施的围垦工程,一系列人类活动对长江河口三角洲的可持续发展构成极大的威胁,也将对河口三角洲的自然环境产生深刻影响。20世纪60年代以来,长江入海泥沙量持续降低,流域重大水利工程又加剧了这一趋势,使得长江河口三角洲向海扩展速率逐渐趋缓,局部已出现侵蚀现象。随着未来气候变化和人类活动的加剧,长江河口三角洲的海岸侵蚀和生态环境退化趋势有可能进一步恶化。

　　海岸侵蚀过程极为复杂,涉及自然和人为多种因素的交互影响,决策支持技术及决策支持系统研究的开展对于科学的海岸带管理甚为必要。当前,海岸带综合管理和可持续发展理念已得到国际社会的普遍认可,而我国的海岸带综合管理基础比较薄弱、管理技术相对落后、管理体系尚未形成;同时,加快推进生态文明建设已经成为我国的一项重要国策,发展与保护的矛盾日益凸显、社会经济可持续发展面临挑战。因此,发展海岸带管理决策技术已成为一项紧迫的任务,势在必行。此外,目前的遥感与地理信息系统(GIS)技术已获得长足发展,为河口海岸研究和海岸带综合管理提供了潜在的应用前景,如精细时空尺度下的岸线变化分析及预测、地貌环境演变、海表动力参数获取、时空数据建模与可视化、跨学科数据的集成管理等。大力发展遥感与GIS技术在河口海岸领域的集成和应用研究对于提升河口海岸科学研究水平具有重要意义。

　　本书在充分调研了国内外相关研究进展的基础上,针对长江三角洲的海岸侵蚀灾害问题,应用遥感和GIS技术开展了较为深入的方法研究。主要包含以下几个方面:① 系统论述了基于GIS的岸线变化分析方法,并就非平直岸线提出了基于地形梯度的正交断面法,提高了岸线变化分析的精确性;

② 利用遥感和 GIS 技术,以崇明东滩为例,在较为精细的尺度上研究了河口岸线变化响应流域来沙减少的时空分异模式;③ 发展了基于潮位信息和遥感水边线获取潮滩高程数据的方法,并结合海图已有水深点利用分形布朗运动模型模拟潮滩及水下地形,弥补了传统海图近岸水深数据的缺失,并改善了地形模拟精度;④ 综合自然和社会经济因子,发展了基于 GIS 的淤泥质海岸侵蚀风险评估方法,较为详尽和客观地评估了长江三角洲海岸侵蚀风险,发展了长江三角洲海岸侵蚀决策支持框架,进而设计并实现了海岸侵蚀辅助决策系统。

本书是海洋公益性项目"长江三角洲海岸侵蚀灾害辅助决策系统研究"(200705020)和全球变化研究重大科学研究计划项目"我国典型海岸带系统对气候变化的响应机制及脆弱性评估研究"第四课题"气候变化下海岸带脆弱性的综合评估与应对策略"(2010CB951204)的研究成果之一。感谢公益项目负责人东海分局信息中心苏诚研究员、全球变化研究项目首席科学家丁平兴教授的大力支持。

由于作者所掌握的资料有限以及受研究水平所限,本书还存在着不少问题,欢迎读者批评和反馈意见。

作　者

2015 年 10 月于上海

目　　录

彩图

第一章 绪 论

1.1 研究背景与意义

气候变化已经成为当今世界最为关注的环境问题,它影响着人类社会和自然生态系统的方方面面(Torresan et al.,2008)。海岸带地区,尤其大河三角洲是对气候变化影响最为敏感的区域,随着海平面的不断上升、入海泥沙量的减少,加上流域及河口人类活动的日益增强,全球许多河口三角洲都不同程度地出现了侵蚀现象(Nicholls et al.,2007)。

多数来自验潮站数据的直接估计认为,过去的一个世纪全球平均海平面上升速率为1.5~2.0 mm/a(Miller et al.,2004)。近年来,这一速率有所加快。根据 IPCC(2013),全球平均海平面上升速率在1901~2010年的平均值为1.5~1.9 mm/a,20世纪初以来全球平均海平面上升速率不断加快。同时,河流建坝、跨流域调水、滩涂围垦、海岸带城市化等人类活动的叠加也使得气候变化的影响进一步加剧。截至20世纪末,全球140个国家中超过15 m高的大坝有45 000多座,另外还有约800 000座小型水坝(World Commission on Dams,2000;Wu et al.,2004)。据不完全统计(Thatte,2006),全球23个国家已完成或规划中的跨流域调水项目就有221个。Bird(1985)的估计认为,全世界超过70%的沙质海岸正在以0.5~1.0 m/a的速率遭受侵蚀。近几十年来,加速的海平面上升正在加剧这一趋势。

在国外,海岸侵蚀作为一种自然灾害早已引起人们的关注。1906年英国成立了负责治理海岸侵蚀的皇家委员会,并且分别于1939年和1949年两次通过"海岸保护法";美国于20世纪30年代建立了海岸侵蚀研究中心,开始进行海岸侵蚀研究,随后编制了海岸侵蚀分布图集、建立了岸线变化数据库和海岸侵蚀信息系统;1962年苏联颁布了《黑海海滩保护法》以限制海岸带的开发(Wang et al.,1994)。鉴于海岸侵蚀问题的普遍性,1972年国际地理学会(International Geographical Union, IGU)成立了"IGU Working Group on the Dynamics of Shoreline Erosion",发动世界各地的相关科学家搜集资料以研究全球的海岸侵蚀状况(Bird,1984)。1974年,澳大利亚墨尔本大学的 Bird

教授综合同行资料,编写了《百年来岸线变化》的研究报告,对全球各地岸线变化的原因进行了评述,认为世界上沿海国家的岸线普遍遭受侵蚀(沈焕庭等,2006)。该报告作为一项开创性工作,使海岸侵蚀研究自此有了全球视角,并逐渐引起了更广泛的关注。20世纪60年代以来,世界各沿海国家纷纷加大了对海岸侵蚀的研究力度,研究的涉及面日趋广泛,从最初对侵蚀现象的简单描述到对侵蚀监测方法,侵蚀原因和机理,侵蚀模拟、预测和评估,侵蚀管理和决策支持等众多方向的研究。

　　20世纪50年代末以来,我国大部分的沙质海岸、淤泥质海岸和珊瑚礁海岸开始转向侵蚀。从60年代开始,侵蚀主要集中在淤泥质海岸,进入70年代沙质海岸也普遍出现侵蚀现象。实地调查显示,我国约有70%的沙质海岸和大部分的淤泥质海岸遭受侵蚀,侵蚀岸线占全国大陆岸线总长度的1/3,以开敞淤泥质海岸和废河口三角洲最为严重(Wang et al.,1994;夏东兴等,1993;沈焕庭等,2006)。其中,渤海、黄海、东海和南海沿岸侵蚀岸线所占的比例分别为46%、49%、44%和21%(秦大河等,2005)。近20年来山东半岛沙质海滩侵蚀速率约为1～2 m/a(王颖等,1995);河北省沙质海岸平均侵蚀速率为1～3 m/a,其中滦河冲积扇淤泥质海岸侵蚀速率为10～20 m/a(邱若峰等,2009);国家海洋局第三海洋研究所1991年的资料显示,20世纪70～90年代福建海岸普遍侵蚀速率为1 m/a,最大达4～5 m/a(李兵等,2009);海南岛有80%的海岸为沙质海岸,平均侵蚀速率为1～20 m/a(季荣耀等,2007)。尤其是近年来在全球变暖的背景下,我国的海平面也一直呈现明显的上升趋势,国家海洋局公布的《2013年中国海平面公报》指出,1980～2013年中国沿海海平面上升速率为2.9 mm/a,高于全球平均水平,其中长江三角洲、珠江三角洲、黄河三角洲和天津沿岸是海平面上升的主要脆弱区。海平面的持续上升,再加上流域和海岸带地区人类活动的增强,三角洲海岸侵蚀的范围和强度将进一步扩大。滦河口海岸在引滦工程前平均侵蚀速率为11.3 m/a,而工程后增加到17.4 m/a,口门后退速率达300 m/a(钱春林,1994);20世纪60年代以来,由于长江流域大型水坝的修建,长江入海泥沙量持续减少,长江口水下三角洲前缘已开始呈现侵蚀迹象(Yang等,2007)。总的来看,我国的海岸侵蚀形势已十分严峻。

　　国内外多年的研究实践证实,海岸侵蚀是受到多种因素的复合影响而产生的,同时又影响着社会经济社会发展的多个层面,涉及人与自然的耦合、海陆系统的相互作用,是一个极端复杂的问题,而且已经从单纯的自然变异过程上升为一种自然灾害(丰爱平等,2003;陈吉余,1996)。由于我国的海岸侵蚀发生较晚,20 世纪 80 年代以后才引起研究人员的普遍关注。目前虽然在其发生、发展、预测、评估等方面的理论方法上已经取得了许多研究成果,但各种研究所着眼的问题不同,针对的区域各异,面对一个复杂的现实问题,单一的分析技术(如统计模型软件、空间制图等)往往难以胜任。而决策支持系统可以用来集成多源数据和不确定性,处理自然的和社会经济的多种因素指标,被认为是求解复杂问题的有效工具而在现代科学管理中扮演着重要角色(Shim et al.,2002)。因此,有必要发展决策支持系统来整合各方面已有的数据和方法,以支持更深入的研究,进而为海岸侵蚀管理决策提供服务。

随着气候变化形势的日益恶化,海岸侵蚀已成为世界范围内的一个热点研究课题(王颖等,1995)。各国政府纷纷加大了对海岸侵蚀研究的投入,针对海岸侵蚀管理决策的需求不断形成,一些大型的科研项目也相继开展,如 1999 年由得克萨斯州土地办公室(General Land Office,GLO)伙同美国联邦和地方政府、沿海地区居民共同设立了海岸侵蚀规划与响应计划(Coastal Erosion Planning and Response Act,CEPRA),该计划旨在支助海岸侵蚀响应项目和相关研究,以促进对海岸侵蚀过程的理解,从而减少海岸侵蚀的不利影响,在前三个两年期内该计划共投入 4 000 万美元用于该州的海岸侵蚀研究(http://www.glo.state.tx.us/coastal/erosion.html);欧盟委员会环境总署(General Directorate Environment of the European Commission)2002 年开始实施的欧洲海岸侵蚀管理计划(EUROSION)项目,其主要目的是实现海岸带的可持续发展,为欧洲海岸侵蚀管理提供决策支持(http://www.eurosion.org/project/index.html)。国外在海岸侵蚀决策上已经走在了前列,尽管技术还不够完善,但 10 余年来已有多个相关的决策支持工具投入使用,并在科研和管理中发挥作用,如 CORAL、DIVA、SimLucia、SimCoast 等(Westmacott,2001)。虽然我国的研究人员很早就明确提出发展决策支持工具的必要性(王文海等,1991;盛静芬等,2002),但实质性的研究还刚刚起步,我国政府也开始认识到海岸侵蚀管理决策的重要性。国家"十一五"和"十二五"两个五年计划都将"海洋环境灾害预警报技术"列为海洋科技发展的重点任务,明确提出发展海岸侵蚀、滨海湿地退化等海岸带地质灾害的预警技术,开发防灾减灾辅助决策支持及应急示范系统研究。

综合以上分析,并对比长江三角洲自身的情况来看,开展海岸侵蚀决策支持技术研究,不仅具有必要性和理论基础,而且也具有重要的科学价值和现实意义,概况来讲主要有以下几个方面。

1) 长江三角洲位于我国东部沿海开放带和沿江产业密集带的交汇处,地位举足轻重。国家统计局数据显示,2013 年江浙沪(江苏、浙江、上海)三省市贡献了我国 GDP 总量的 18.8%。长久以来,该区域的发展在一定程度上受益于三角洲海岸的不断向海推进。但最近 10 多年来,由于流域筑坝拦沙及海岸的高低滩围垦,三角洲海岸的演化已呈现逆转之势(Shi et al.,2001)。虽然侵蚀情况尚不至异常严重,但已潜在地影响到区域社会经济的发展。因此,开展海岸侵蚀决策支持技术研究,防患于未然,势在必行。

2) 促使现代海岸侵蚀加剧的因素,概而言之不外乎自然、人为两种。但由于地域差异显著、各因子间相互作用复杂,谈到某一特定区域的主要影响因子,往往难有定论,进一步对各影响因子的贡献进行量化更是一个难题(Zhang 等,2004;夏东兴等,1993;季子修等,1993、1996;王文介,1989)。长江三角洲的海岸侵蚀形式多样、海陆相互作用复杂、流域及近岸河口人为影响众多,开展海岸侵蚀决策支持技术研究有助于推动对海岸侵蚀过程的理解,为采取科学的海岸防护措施提供参考。

3) 长期以来,我国的海岸侵蚀研究都缺乏有效的数据存储、共享和集成机制,大量数据以不同的标准和格式分散于各研究团体、单位和个人手中,导致了数据的严重冗余和重复,极大地限制了大规模和持续性研究的实施。利用决策支持系统技术中的数据库管理技术建立统一的数据获取、存储标准,促进多源异构数据的整合和有效管理,进而促进数据共享机制的形成,必将有助于更深入广泛的海岸侵蚀研究和应用的开展。

4) 国际上,虽然有关海岸侵蚀的决策支持研究已经在开展,但能够指导决策的一般性原则还刚刚开始制定(Bartlett,2000;Defra,2006;Eurosion,2004)。尤其对于发展中国家而言,决策者要在发展经济和保护环境之间做出最优的选择必须同时考虑社会、经济和环境的多重利益,这无疑需要决策支持技术的帮助。因此,开展长江三角洲海岸侵蚀决策支持技术研究具有某种理论上的前瞻性和实践上的现实性。

1.2　国内外研究进展

如上所述,海岸侵蚀受多种因素的影响而极端复杂。由于近年来气候变化和人类活动的加剧,海岸侵蚀现象越发严重,海岸侵蚀问题不再只是科学家关心的研究课题,已经成为沿海地区地方政府日常决策不得不考虑的事情。随着研究的不断深入,海岸侵蚀的复杂性也越发显著。作为海陆气三相界面交汇带上发生的现象,海岸侵蚀不只是受到自然或社会单方面因素的影响,同时还受到认识、方法上的不确定性以及因子间相互作用难以定量化等诸多问题的困扰。而现代 GIS 技术的发展,为使用基于 GIS 技术解决空间复杂性问题赋予了巨大的潜力。本书所要探索的正是如何利用 GIS 技术为有关海岸侵蚀决策问题寻求可能的解决之道。为此,我们将首先从海岸侵蚀定量化、海岸侵蚀预测、海岸侵蚀灾害指标模型、海岸侵蚀决策支持工具等方面对国内外研究进展予以回顾。

1.2.1 GIS 的应用

早在 20 世纪 70 年代早期,有关海岸带问题的 GIS 应用就已经出现(Ellis et al.,1972),但由于当时 GIS 本身还是一项全新的技术,如海岸带实体和现象的概念及数据模型、时空动态属性的处理等一些基本问题尚未解决,海岸带 GIS 面临诸多困难(Vafeidis et al.,2004)。相关的研究在公开的正式出版物中并不多见(Bartlett,2000),而且这类文献主要关注点在于利用遥感影像获取数据,GIS 仅仅作为数据处理或结果表达的一部分而出现(恽才兴等,1981、1982)。进入 80 年代,商业化 GIS 软件包(如 ESRI 公司的 ARC/INFO)的出现和软硬件技术的发展大大推动了 GIS 在海岸带研究中的应用。而且大多数的海岸带信息都具有空间特征,GIS 的介入自然就顺理成章。Bartlett(2000)认为,GIS 在海岸带问题研究中的应用得益于其以下特点:

1) 大型数据库管理和多源数据的集成能力,使得形成跨区域甚至国界的更为协调的海岸带管理策略成为可能;

2) 促进海岸带数据定义、收集和存储标准的发展和使用,有助于提升数据和处理技术在项目和部门之间的兼容性,也能确保任一站点上前后方法的一致性;

3) 有利于数据的共享和更新,尤其对于涉及同一岸段的不同部门,可以在很大程度上减少数据冗余、节省开支和提高效率;

4) 方便数据存储与检索,而且在实施一项措施之前,GIS 也提供了建模、测试和比较不同备选方案的能力。

与之相适应,20 世纪 90 年代以来 GIS 在海岸侵蚀研究中的多数应用也体现了以上的特点。我们主要通过岸线制图与变化监测、地形冲淤分析、模型集成等三个方面来概括。

(1) 岸线制图与变化监测

岸线是研究海岸动态的重要指标,精确高效地获取岸线的位置往往是海岸侵蚀研究的首要条件。最早人们利用数字化仪从影像或历史图件上转绘数字岸线,随着数字摄影测量和软件技术的发展,以前的硬件数字化仪器逐渐由软件代替,数字化工作可以在软件上由手工跟踪的方法实现(Danforth et al.,1994a)。随之人们开始关注数字岸线的获取精度问题,各种提高精度的技术方法,如数字化前的准备、数字化后的误差分离技术等得以研究和发展(Crowell et al.,1991;Danforth et al.,1994b;Walton,1998、2000)。随着影像获取技术的进步,一些研究者对已有的各种岸线提取方法进行了比较研究,以期发展有针对性、高精度和自动化的岸线提取技术(Li et al.,2001b;Moore,2000)。针对不同类型、不同分辨率的影像以及基于多源数据的岸线提取技术,以至3D岸线的获取技术都得到了研究和应用(Bagli et al.,2003;Li et al.,2003;Liu et al.,2004;Muslim et al.,2006;Pardo-Pascual et al.,2012;Ryu et al.,2002)。近年来,遥感图像处理和GIS技术的发展,图像分类、边缘检测、自动识别等技术在很大程度上提高了岸线制图的自动化水平。但由于海岸环境的复杂性,通常情况下自动提取得到的数字岸线仍不能直接用于岸线变化分析,而且也难有一个适用于不同类型海岸环境的通用方法,GIS环境下一些手工的编辑步骤仍不可避免,由此带来的多源误差对后续分析的影响也不容忽视,因此岸线制图的自动化水平和精度仍有待提高。

在岸线变化监测中,GIS所起的作用主要有利用遥感影像提取数字化岸线、矢量岸线的编辑和误差修正、岸线制图、利用GIS数据库进行岸线管理、利用GIS空间分析功能获取岸线变化情况等。如White等(1999)利用GIS技术和1984年、1987年、1990年、1991年的Landsat TM影像数据监测了尼罗河三角洲海岸的岸线变化情况;Williams(1999)利用Atlas GIS软件数字化并分析了美国得克萨斯州科珀斯克里斯蒂(Corpus Christi)海湾山姆洛克(Shamrock)岛的岸线变化,研究了该岛在沿岸输沙被阻断之后的侵蚀问题,认为人类对海岸带的影响具有无法预料的破坏性后果,并可延续数十年;Moore等(2002)利用GIS技术联合数字摄影测量方法对美国蒙特雷湾国家海洋保护区(Monterey Bay National Marine Sanctuary)中心海岸的海崖后退和侵蚀热点区进行了研究,认为该方法能够有效减少计算误差;Liu等(2004)将从遥感影像中提取出来的岸线数据导入到GIS环境中进一步编辑,并利用GIS数据库对最终的岸线数据进行管理;Siddiqui等(2004)利用GIS技术集成Landsat MSS、TM数据和水文测量数据研究了巴基斯坦卡拉奇市Bundle岛附近的海岸冲淤过程,为滩涂围垦规划提供支持;Ekercin(2007)和Elewa等(2009)利用ArcMap软件和多时相Landsat影像数据,分别对土耳其梅里奇(Meric)河口三角洲和尼罗河三角洲的岸线变化情况进行了分析;Kaiser(2009)借助商业GIS软件研究埃及塞得港市(Port Said)港口建设对岸线、土地覆盖变化等的影响;Sesli等(2009)利用 ArcView 软件进行了土耳其特拉布宗(Trabzon)东海岸的岸线制图和变化监测,结果显示 1973～2005 年海岸侵蚀面积达12.2 hm²;此外,也有研究者利用 GIS 工具结合现有的 DEM 模型进行岸线提取和变化监测(Klemas,2001)。

我国研究者在这方面也有大量的应用实例。例如,张华国等(2005)利用ArcView 软件从 1986 年来 8 个时相的杭州湾 Landsat TM、ETM+影像数据中提取岸线数据,并利用 GIS 的空间分析功能对 1986 年来杭州湾的岸线变化情况及趋势进行了分析;Chu 等(2006)利用 MapInfo 软件从 1976 年到 2000年 20 景 Landsat MSS 和 TM 影像中提取数字岸线,分析了现代黄河水下三角洲的冲淤模式;何庆成等(2006)和崔步礼等(2007)利用类似的方法分别对黄河三角洲的岸线进行了分析;黄鹄等(2006)利用 Landsat 和 SPOT 卫星数据,结合 GIS 技术研究了广西海岸线的演变情况。

总的看来,这类应用的主要目的是利用 GIS 的功能获取岸线的变化情况,其他的 GIS 应用,如岸线提取、编辑、制图、空间分析、数据管理等往往作为实现这一目标的附带过程而出现。

(2) 地形冲淤分析

这类应用多结合 DEM 数据或遥感影像数据得以实施,GIS 所起到的主要作用是空间分析、制图和可视化表达。例如,Kastler 等(1996)利用 GIS 技术对多时相航空影像进行变化监测,研究美国弗吉尼亚州霍格岛湾(Hog Island)沿岸沼泽的沉积过程;Thurston 等(1999)利用 GIS 技术和水下地形数据研究了英国大雅茅斯(Great Yarmouth)东海岸离岸沙洲的冲淤演变情况;吴华林(2001)利用 ARC/INFO 软件和海图数据研究了长江口和杭州湾水下地形百余年来的冲淤状况;Thomalla 等(2003)利用 GIS 软件计算了近岸地形的冲淤面积及冲淤量,研究了位于英国诺福克郡的希帕林(Sea Palling)海岸的防波堤对岸滩冲淤演变的影响;Yang 等(2006)利用 ArcMap 软件计算长江三角洲潮滩湿地的冲淤变化情况,研究了长江三角洲潮滩地貌对流域来沙减少的响应规律;李明等(2006)利用 ArcMap 软件和海图数据进行了岸滩剖面演变分析;李恒鹏等(2001a)、胡刚等(2007)利用 GIS 和水下地形数据分别分析了长江河口区部分岸段的岸滩冲淤演变模式;Anfuso 等(2007)通过分析摩洛哥休达(Ceuta)和卡波内格罗(Cabo Negro)之间的岸滩剖面和航空影像数据,利用

GIS 工具重构了短、中期的沿岸地貌演变和沉积传输路径,监测海滩动力地貌行为和岸线变化以及港口建设对岸滩演变的影响;付桂等(2007)利用 MapInfo 软件数字化海图水深点数据生成 DEM,研究了长江三角洲南汇咀水下地形的冲淤演变情况;杨世伦等(2005、2006、2009)、李鹏等(2007)、杜景龙等(2007)利用 GIS 软件对长江口潮滩地形和水下三角洲的冲淤演变情况进行了大量的研究。

从以上应用实例可以看出,利用商业 GIS 软件的空间分析功能,对不同年份的地形数据进行运算、成图并可视化表达,统计分析地形的冲淤变化情况,是这类应用的一般模式。其中,空间分析是主要用到的 GIS 功能,其他的功能则为辅助性应用。

(3) 模型集成

将专业模型在 GIS 环境中进行集成,以推动对于海岸过程的理解是河口海岸学研究中的一个重要方向。海陆相互作用研究(land ocean interaction study, LOIS)(NERC,1994)就曾经将专业模型与 GIS 环境的集成作为其研究目标之一,一方面,GIS 技术为专业模型提供了更高的可靠性、精确性以及分析和可视化能力(Srivastava et al. ,2005),进而也使得在模型环境下的决策成为可能(Gilman et al. ,2001);同时,GIS 技术和空间数据库的发展在很大程度上对模型的集成也起到了推动作用(Vafeidis et al. ,2004)。另一方面,GIS 自身功能上的缺陷也为模型集成提出了需求。根据 Densham(1991)和 Openshaw(1991),GIS 在空间分析能力上存在如下四个方面的不足:

1) 对地理信息分析方法的支持,如分形特征计算、边缘检测、空间回归分析、图像处理等;

2) 许多 GIS 数据库除了提供基本的查询功能外,主要为制图展示而设计,数据的分层存储和表达方式在一定程度上妨碍了对分析模型和其他功能的支持;

3) 在图表生成方面,GIS 与用户的交互缺乏灵活的机制,这使得决策者在表述问题的方式、生成和评估各种可选情景上受到限制;

4) GIS 的设计没能很好地体现空间问题的复杂性,以及不同决策者解决问题方式的差异性,从而忽略了对决策过程的支持。

随着 GIS 技术的发展,在商业 GIS 软件中嵌入了越来越多分析模型,而且 GIS 技术与图像处理技术的融合从未停步(如 ESRI 公司先后与 ERDAS、ITT VIS 合作),现代的 GIS 技术和软件产品在分析建模、矢量和栅格图形图像处理等方面的功能已大大增强,但上述问题并未完全得以解决。因此,GIS 与海岸侵蚀专业分析模型的集成仍有很大的研究空间。

按照集成度划分,模型集成方式大体上可分为松散耦合和紧密耦合两种。紧密耦合系统具有单一的用户界面和数据库管理机制,要求一定的代码编写工作。例如,Mertes 等(1998)在 ARC/INFO 工作站的 GRID 模块中利用 AML 编程语言(ARC Macro Language Programs)和 DEM 数据,实现了基于通用土壤流失方程(universal soil loss equation, USLE)的美国加利福尼亚州圣巴巴拉海峡(Santa Barbara Channel)沿岸的地表沉积物侵蚀情况的分析。这类应用并不多见,但一个重要的经验是,集成模型的执行效率会成倍降低(Gilman et al. ,2001)。

与紧密耦合不同的是,在松散耦合中专业模型或统计模型与 GIS 分属于两个不同的软件环境,各自拥有自己的数据存储和用户界面,中间结果或数据在软件模型和 GIS 之间通过手工交互。这种模式充分利用了专业模型的计算能力和 GIS 软件的数据库管理及可视化、表达能力。目前,大多数的应用都属于这一类(Bartlett,2000)。例如,SCAPEGIS 软件将基于过程的岸滩剖面演变模型 SCAPE(Soft Cliff And Platform Erosion)通过数据交互的方式与 GIS进行耦合,并将得到的结果在虚拟的海岸环境中展示,为非专业人士获取必要的决策信息提供便利(Walkden et al. , 2005);丹麦水力研究所(Danish Hydraulic Institute,DHI)的 MIKE 系列产品,作为商业 GIS 软件的扩展插件可以完成岸滩剖面比较、海岸演变分析、调查数据管理、报告生成等功能(Andersen,2003;Gilman et al. ,2001)。松散耦合的大多数集成方式都是将专业模型推导得到的数据输入 GIS 环境中,利用 GIS 的空间分析和表达功能进一步处理并可视化最终的计算结果,如 Daniels(1996)利用 GIS 集成二维侵蚀模型和三维静态洪水模型,预测沙质海岸对不同海平面上升情景的可能响应。也有一些研究者反其道而行之,将 GIS 计算得到的数据利用专业或统计模型结合其他数据进行分析得到需要的结果,如赵庆英等(2001)利用 GIS 技术和统计模型分析了长江口南槽地形演变与长江来水来沙的关系;Yang 等(2005)利用 GIS 技术和统计模型,研究了长江口潮间带湿地对上游建坝造成的入海泥沙减少之间的关系;Xia 等(2007)集成 GIS 和统计模型分析了伶仃洋海湾海岸带土地利用和岸线变化情况;Gilman 等(2007)借助 ArcGIS 软件和遥感影像数据、潮位数据和海平面数据预测了未来 10 年美属萨摩亚(Samoa)群岛中位于土土伊拉岛(Tutuila)和奥努乌岛(Aunu'u)上共九处红树林海岸的演变情况;等等。也有一些研究者开始尝试利用 GIS 集成分形理论模型对海岸演变特性进行研究,借此寻求对海岸侵蚀过程进行更深入地理解,如对中国海岸线空间分形特征的研究(Zhu et al. ,2000、2002、2004)、岸线分形模拟(朱晓华等,2002a;陆娟等,2003)、利用分形理论研究海岸地质过程并对海岸进行分类等(Tanner et al.,2006;朱晓华等,2002b)。

近年来随着空间技术的发展,也出现了在商业 GIS 软件环境下利用其现有功能进行建模的应用。如,Andrews 等(2002)利用 GIS 技术对海岸沙丘地貌进行 3D 建模,研究其演变特征;Eikaas 等(2006)利用 ArcView 软件对泥沙减少敏感性(sediment reduction susceptibility,SRS)进行建模,研究新西兰坎特波雷海湾(Canterbury Bight)沙砾混合海滩的稳定性,并认为该方法可以与泥沙传输模型结合进一步为复杂的沿岸输沙过程提供解决方案;Mathew(2007)利用数字摄影测量的方法结合 GIS,建立了海岸演变的概念模型;Makiaho(2007)利用 GIS 软件对芬兰西海岸奥基陆托(Olkiluoto)附近的古代和未来的岸线进行重构,并比较了基于 TIN 和 GRID 数据两种方法的差异;Fall(2009)利用一个基于 GIS 的方法,建模和分析了塞内加尔首都达喀尔西南海岸海崖后退的发展演化和空间分布情况。Fleming 等(2009)利用 ArcGIS 和 ERDAS IMAGINE 软件联合建模,在考虑潮位的条件下完成了美国北卡罗来纳州军事基地列尊营(Camp Lejeune)岸线的描绘和 3D 透视场景的生成。

根据以上分析可以发现,国内外的研究者在模型集成方面进行了大量的研究,由于松散耦合方式的灵活性,其应用较紧密耦合方式更多也更为成功,大多利用商业 GIS 软件结合其他专业或统计软件模型实施。近年来,随着 GIS 技术的发展,模型集成应用的深度和广度都有所加强,而且 GIS 商业软件功能的增强也使得不借助其他工具模型直接在 GIS 软件环境下建模成为可能,这无疑将进一步推动海岸侵蚀定量化研究的进展。

1.2.2 海岸侵蚀预测

在全球变暖的背景下,预测海岸侵蚀对于海岸带规划至关重要。近半个世纪以来,人类对海岸带土地资源需求的持续增长,伴随着加速的海平面上升,使决策者对海岸侵蚀预测提出了更高的要求。海岸侵蚀预测模型也不断得到发展,李志强等(2003)就砂质岸线的变化,将侵蚀预测模型分为物理模型、概念模型和数学模型三种,并对各自的发展历程、优点及使用中存在的问题进行了详细论述。随着人们对海岸侵蚀过程的认识不断深入,一些新的预测模型相继被提出,为了对海岸侵蚀预测模型进行全面的总结,在此我们将已有的模型分为物理模型和数学模型两大类,分别阐述。

在海岸工程中,物理模型也叫动床水工模型。由于海岸侵蚀涉及许多因素,为了研究问题的便利,将现实中的海岸环境按照一定比例缩小,保留主要因素忽略次要因素,在实验室中创造相应的条件来模拟海岸的演变过程,这类模型就叫物理模型(李志强等,2003)。物理模型,存在尺度效应,仅适用于小范围短期内的海岸演变模拟,而且投资较大,通常的研究机构和个人往往难以独立实施。数学模型,也称为解析模型,是对现实世界的一种抽象和符号表达。

与物理模型不同,数学模型不存在尺度问题,且计算效率高、可移植性好,可用于大尺度、长期的海岸演变分析。已有数学模型又可分为确定性模型和非确定性模型。用于海岸侵蚀预测的确定性模型发展最早,也应用最为广泛。1962年挪威海岸工程专家Per Bruun在海滩平衡剖面理论(Bruun,1954)的基础上,首次将海岸侵蚀与海平面上升联系起来,发展了一个概念模型并给出了数学表达式(Bruun,1962)。该模型基于以下假设:① 随着海平面的上升,海滩平衡剖面向岸、向上移动,形状保持不变;② 海滩剖面上部发生侵蚀,侵蚀掉的泥沙在滨外浅水区即剖面下部堆积,侵蚀量与堆积量相等;③ 滨外浅水区堆积厚度与海平面上升量相等(李从先等,2000)。Schwartz(1967)通过大小潮变化模拟海平面上升验证了其正确性,并称之为布容法则(Bruun rule)。布容法则成立的基础是岸滩存在平衡剖面,闭合深度以外不存在泥沙净输移(李志强等,2003)。而且,它是一个长期的和区域性的模型,海岸过程的季节性或局部的变化被做平均处理(Rosen,1978)。

不同的研究者先后对布容法则做了大量的验证(Dubois,1975;Everts,1985;Hands,1984;Rosen,1978),其中,Rosen(1978)对弗吉尼亚州切萨皮克湾(Chesapeake)336 km的岸线研究发现,在沼泽岸线分布广的区域岸滩侵蚀速率的预测值与实测值差别最大,原因是在这种环境下植被控制了沼泽岸线的水平和垂向运动,并影响到其侧翼的岸滩过程,使得布容法则失效。Hands(1984)在研究了美国五大湖湖岸演变后得出结论:在2年周期内,布容法则的误差高达150%;在6~7年周期内,多数误差为±10%。这一结论进一步巩固了布容法则对长期岸线演变有效的观点(杨世伦,2003)。Dubois(1975)和Everts(1985)在密歇根湖岸和弗吉尼亚州、北卡罗来纳州部分海岸的研究也证实了布容法则的合理性。

由于布容法则赖以建立的基本概念——闭合深度与平衡剖面理论,仍存在较大争议(Pilkey et al.,1993;Thieler et al.,2000),许多研究者经过实地验证和分析对布容法则的适用性也提出质疑(Bedard et al.,1997;Cooper et al.,2004a;Dubois,1992;李从先等,2000)。Cooper等(2004a)撰文指出,决策者对布容法则的信任限制了人们对海岸带响应海平面上升更深入研究的需要,是应该放弃布容法则的时候了。他们认为布容法则无效的原因有三:假设过于理想,现实中根本不会存在;忽略了许多重要的变量;依赖于过时的和错误的关系。尽管如此,布容法则仍然在全球范围内得到了广泛应用,1995 年以后至少在 6 大洲 26 个国家的淤泥质、基岩和珊瑚礁等各种海岸类型被用作海岸带管理的工具(Pilkey et al.,2004)。他们认为布容法则长盛不衰的原因在于它的简单易用性并能够得到确定的结果,同时也与管理者不理解其缺陷以及一些科学家的极力倡导不无关系,更重要的是目前还难以找到可以替代的模型。

尽管一些研究者也提出了其他的确定性的侵蚀预测模型,如利用历史岸线数据外推的统计模型(Frazer et al.,2009;Genz et al.,2007;Maiti et al.,2009)、一线模型(Pelnard-Considère,1956)、二线模型(Bakker,1968)、N 线模型(Perlin et al.,1978)、统计动力学方法(Reeve et al.,1997、2004)以及一些商业软件包(如丹麦的 LITPACK、荷兰的 UNIBEST 等),这些模型都各有其合理性,同时也存在着不同程度的限制和适用性(Cooper et al.,2004b)。考虑到海岸系统的极端复杂和独特性以及人们对于海岸过程认识的局限性,目前还难以获得不同因素影响海岸系统演变的程度及相互作用的确定性知识(李志强等,2003)。一些研究者强调,目前的技术水平还不足以对海岸演变趋势进行确定性的预测(Galgano et al.,2000;Pilkey et al.,2004)。为此,科学家提出了一些非确定性预测模型,如定性模型(Cooper et al.,2004b)、概率模型(Dong et al.,1999;Lee et al.,2001;Vrijling et al.,1992)和基于模糊集理论的模型(Nguyen et al.,2008)等。Dong 等(1999)将岸线随时间的动态响应看作时变随机系统的一种,考虑到沿岸和离岸沉积传输过程的联合效应,把长期波候和岸线属性作为模型的输入,通过计算得到任意指定时间周期内岸线后退最大限度的概率分布。Cooper 等(2004b)认为,比起确定性方法得到的不可靠结果,定性方法针对特定站点的环境条件,结合专家知识开展试验,反而能够得到对于未来海岸行为更为精确的预测,也是一种符合海岸带日常管理决策程序的更为负责任的管理方法。

此外,由于淤泥质海岸行为比沙质海岸更为复杂,因此上述各种模型大多是针对沙质海岸提出的,对淤泥质海岸的研究在观测手段和数值预测上都不如沙质海岸深入(庄克琳等,1999)。

由于海岸系统对海洋过程的不确定性响应、全球变暖导致极端事件的频发以及人类活动的复加使得海岸系统愈发变得复杂,我们似乎不得不接受海岸系统的演变在本质上不可预测这一事实,同时也无法否认无论是确定性还是非确定性的模型都能够在一定程度上为海岸侵蚀管理决策提供参考。确定性与不确定性或定性与定量相结合的方法之争仅存在于人们对复杂性认识的方法论上。需要强调的是无论是哪一类模型,都是对现实世界的抽象和模拟,而并非现实本身。模型结果与现实的吻合程度受制于很多条件,除了模型自身的精确性之外,诸如试验站点、采样方法、对特定系统的理解、变量的选择、权重的分配以及其他各种误差等都会导致不同程度上模型输出的差异。除了需要对模型结果慎重对待之外,结合专家知识辅助管理决策显得尤为重要,这也是为什么需要发展海岸侵蚀决策支持技术的原因所在。

1.2.3 指标框架模型

海岸侵蚀风险评价是制订长期海岸带管理规划的重要步骤之一,而海岸侵蚀具有极端复杂的特性,不同的研究者会根据不同地区各自特有的环境条件选取不同的评价指标,即使相同的地区也会因为时期不同、对海岸过程的理解不同以及采用方法的差异而选取不同的评价指标。科学的指标体系能够正确充分地反映海岸演化的趋势,反之则会得到与事实不符的结果。因此,如何选择合理的指标体系就成为决策者必须面对的问题。然而受全球变化的影响,各种海岸环境要素的行为及其相互作用变得越发难以捉摸,偶然性事件频发,海岸系统的复杂性不断增强,这意味着决策者选取有效的海岸侵蚀风险评价指标体系也变得更为困难。因此,就需要一定的策略来帮助分析已有的和潜在的环境变量,以保障所选指标体系的完备性。

指标框架模型就是一种用来组织和构建各种指标体系的方法和工具。在环境评估领域,许多组织机构已经按照各自的思路发展了多种指标框架模型来帮助人们建立和完善相关指标体系,如由联合国统计司(United Nations Statistics Division,UNSD)提出的 FDES 框架(a Framework for the Development of Environment Statistics)(United Nations, 1984)、经济合作与发展组织(Organization for Economic Co-operation and Development,OECD)提出的 PSR(Pressure-State-Response)模型(OECD, 1993)、欧洲环境总署(European Environment Agency,EEA)采用的 DPSIR(Driving Forces,Pressure,State,Impact,Response)框架(Stanners et al.,1995),以及 PAR(Pressure and Release)模型(Wisner et al.,2004)、RH(Risk-Hazard)模型、VS(Vulnerability/Sustainability)框架(Turner et al.,2003)、HOP(Hazards of Place)模型(Cutter et al.,1989)等。下面我们对几种较为常见的指标框架模型进行简要介绍。

(1) DPSIR 框架

最早的环境指标框架是加拿大统计局的科学家 Rapport 等(1979)所提出

的压力-响应框架(Stress-Response Framework)。在此基础上,经济合作与发展组织(OECD)提出了 PSR 模型。后来欧洲环境总署(EEA)又对 PSR 模型加以扩展,最终发展成 DPSIR 框架并得到广泛应用(Cutter,1996、2003)。DPSIR 框架由一个因果链构成:经济或人类活动的"驱动力(driving forces)"通过对自然或生物化学的"状态(state)"施加如排放、污染等"压力(pressure)",进而对生态系统功能和人类健康产生"影响(impact)",最终导致政策上的"响应(response)"。但描述因果链的各个环节及其关系是一项复杂的任务。

"驱动力"是社会、人口和经济的发展以及与之对应的生活、生产和消费层面上的变化,并进而对环境施加压力,所施加的压力会表现为不同的形式,如自然资源的过度开发、土地利用的变化以及工业废液、废气、噪声、辐射等向空气、水体、土壤中的排放;"压力"由生产、消费的社会模式所实施,进而被转换为导致环境状态变化的各种自然过程;"状态"表现为特定时间特定地点自然、生物和化学现象的定性或定量信息,环境状态的变化也许会对生态系统产生影响,并最终影响人类健康和社会经济的发展;"影响"即有关环境状态变化的影响;"响应"指的是政府、机构及个人对不希望产生的影响所做出的反应,以阻止、减弱或适应环境的变化(Shah,2000)。

DPSIR 是一个不断发展完善的框架模型,已经被成功应用于多个领域,如大气污染、气候变化、海洋环境和海岸带、城市环境问题等(Shah,2000)。它首先被经济合作与发展组织(OECD)采用,后来 Turner 等(1998)又在海岸带管理背景下对其进一步发展和完善(图 1-1)。Turner 等(1998)认为,DPSIR 框架是一种用来指定关键问题、可利用的数据信息、土地利用模式、时空环境等因素的有效方法,有助于应对复杂的海岸带环境问题。已有的海岸带数据信息的获取方式过于松散,不利于海岸带集成管理和建模应用,而 DPSIR 框架与基于生态学理论的评估方法相结合能够用来获取有关全局的简要信息,进而为海岸带资源管理提供决策支持。2002 年开始实施的欧洲海岸侵蚀管理计划(EUROSION)项目也利用 DPSIR 框架确定了海岸侵蚀灾害评价指标(Eurosion,2002)。

(2) RH(Risk-Hazard)模型

基本的 RH 模型(图 1-2)旨在理解灾害的影响,这里的灾害是承灾体暴露度和"剂量-反应"(敏感性)的函数(Turner et al.,2003)。该模型在有关灾害的技术文献中被工程师和经济学家广泛采用(Füssel,2007)。在环境和气候影响评估当中,该模型的定量应用往往强调承灾体对致灾因子或环境胁迫的暴露度和敏感性。

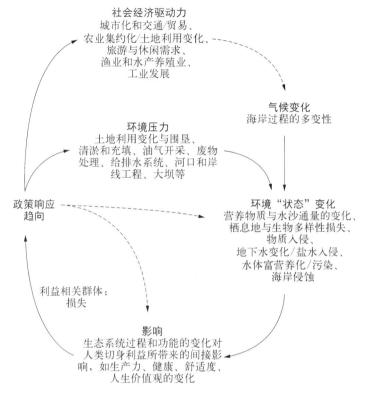

图 1-1 海岸带地区的连续反馈过程 DPSIR 框架

根据 Turner 等(1998)修改

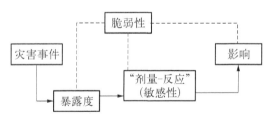

图 1-2 RH 模型

根据 Turner 等(2003)修改

重要的是,RH 模型清晰地区别了两个决定特定承灾体风险(risk)的因素——灾害和脆弱性。前者是"具有潜在破坏性的自然事件、现象或人类活动,其特点在于它们的位置、强度、频率和可能性";而后者强调"灾害的严重性和所致破坏程度之间的关系"(Füssel,2007;UN/ISDR,2004)。

传统上,RH 模型往往假设灾害事件是不常发生的,而且灾害是已知的和平稳的。在 RH 模型中脆弱性主要指自然系统,也包括人工建造的基础设施,它是描述性的而非解释性的。由于人对灾害的暴露度大多依赖其行为，而人的行为又由社会经济因素所决定，因此 RH 模型难以应用于人。尽管 RH 模型已被广泛应用于多种灾害的评估，但在 RH 框架中传统上灾害的定义其实由一些前提所限定，如灾害事件的稀有性、其过程和输出的已知性以及其概率的平稳性（Füssel，2007）。

RH 模型没有关注到的问题有：承灾体扩大或削弱灾害影响的具体途径；承灾体各子系统或组分中导致灾害后果出现明显变化的特征；政治经济，尤其是社会结构和制度，在形成不同暴露度和后果中所起的作用（Turner et al.，2003）。

（3）PAR（Pressure and Release）模型

PAR 模型最早由 Wisner 等（2004）提出，作为理解自然灾害（hazard）致灾机制的工具。它的基本思想是（图 1 - 3），灾难（disaster）是两个相对作用力的交汇。一方面，一些过程产生脆弱性（vulnerability）；另一方面是自然灾害（有时候是缓慢的自然演变过程）。随着其中一方面对人群所施加"压力"的增强（根据脆弱性和自然灾害的严重程度），人群就会产生减灾的想法，即"释放"压力（Wisner et al.，2004）。该模型将产生脆弱性的过程分为 3 个相关联的原因相：根本原因（root causes）、动态压力（dynamic pressures）和不安全条件（unsafe

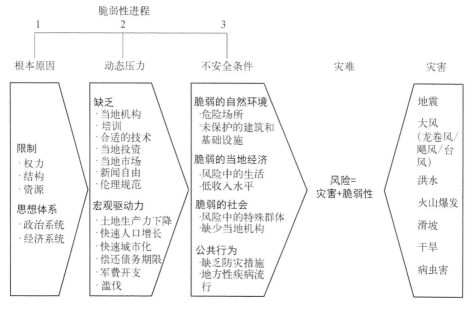

图 1 - 3　PAR 模型

根据 Wisner 等（2004）修改

conditions)。"根本原因"影响所有或大部分人群,其进一步恶化将导致"动态压力";"根本原因"和"动态压力"的相互作用又会产生"不安全条件"。当人群生活于"不安全条件"中的时候,自然灾害以至于灾难就会发生(Melton,2008)。

PAR 模型能够帮助人们清楚地认识哪些因素导致脆弱性的增加,进而可以针对性地采取措施消除脆弱性,因此在理论上,该模型也提供了修复灾害的工具。它不仅能够使管理者弄清灾害发生的原因,也可以通过详尽的分析提出恰当的减灾措施(Anderskov,2004)。

PAR 模型主要用来解决社会群体面对灾害事件的问题,其应用强调了不同社会群体脆弱性的差异。尽管明确地强调了脆弱性,但 PAR 模型对可持续性科学的考虑并不充分。主要是:它没有在考虑生物物理子系统脆弱性的意义上关注人与自然的耦合系统;几乎没有涉及灾害因果关系的结构细节,包括相互作用的嵌套尺度;对分析系统之外的反馈作用不够重视(Turner et al.,2003)。

(4) HOP(Hazards of Place)模型

最初的 HOP 概念框架由 Cutter 等(1989)在研究美国有毒物质的空气传播模式中所提出。他们认为特定位置的风险水平不能够简单地由绝对或相对位置所决定,进而强调了地理环境在决定灾害分布模式及受灾程度中的重要性。他们将灾害描述成风险因子和减灾因子的函数,而风险因子又由事件发生的可能性和产业类型(如农业、化工、制造业等)所决定,减灾因子包括以往处理类似事件的经验和应急响应计划(图 1-4)。因此,该模型综合考察了灾害的空间分布模式和导致灾害的内在过程,一个地方的危险程度不再仅由其风险程度所决定(Cutter et al.,1989)。

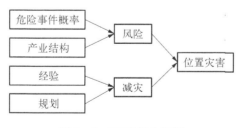

图 1-4 HOP 概念框架

根据 Cutter 等(1989)修改

考虑到现有理论模型的局限性,Cutter(1996)对原有的概念框架进一步扩充,形成了较为完善的 HOP 模型(图 1-5)。风险与减灾措施相互作用并各自生成灾害,灾害在特定的地理环境下构成生物物理脆弱性,在特定的社会结构下构成社会脆弱性。同时,地理环境与社会结构相互作用最终导致位置脆弱性。位置脆弱性反过来又影响到最初的风险和减灾措施的强度(Cutter et al.,2000)。该模型集成了对位置脆弱性起决定作用的生物、物理和社会因素,以及各因素间内在的相互作用,完整描述了脆弱性发生与反馈的动态过程。

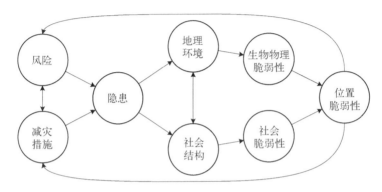

图 1-5　HOP 模型
根据 Cutter(1996)修改

HOP 模型在美国和国际上都有相关应用(Cutter et al.,2009)。Cutter等(2003)利用 HOP 模型和美国县级社会经济、人口数据构建了一个针对环境灾害的社会脆弱性指标(social vulnerability index,SVI)。Cutter 等(2008)认为,HOP 模型集成了承灾体的暴露度和社会脆弱性,但没有考虑到灾前社会脆弱性的根本原因、孕灾大环境以及灾后的影响和恢复。目前,该模型已经在社会脆弱性和灾害恢复力评估方面得到了增强和完善。

1.2.4　决策支持工具

前文已经回顾了辅助海岸侵蚀决策的相关技术,它们为解决复杂的海岸侵蚀问题、实施科学的海岸带管理提供了技术上的可行性。目前,海岸带集成管理(integrated coastal zone management,ICZM)和可持续发展理念已被国际社会普遍认可,要使这些理念付诸实际不仅需要相关技术理论的支持,有效的决策支持工具也不可或缺。很显然,对于一项基于长期规划的、多尺度的和集成详尽多源调查数据的海岸带管理策略而言,决策支持工具将是推动理论指导实践的有力手段。然而有关决策支持工具的发展并不完善(Bartlett,2000)。鉴于此,接下来我们将对文献中已报道的决策支持工具进行回顾,为发展更为完善的决策支持工具和成熟的决策支持系统提供参考。有关海岸带管理的决策支持工具已不下百种(Van Kouwen et al.,2008),下面仅涉及直接与海岸侵蚀评价或海岸带脆弱性、敏感性或风险评价有关的一些工具。

(1) COAMES

COAMES(Coastal Management Expert System)是由英国普利茅斯海洋实验室(Plymouth Marine Laboratory)开发的一个面向对象的海岸带管理专家系统(图1-6)。它是海陆相互作用研究(LOIS)的一部分,整个系统由用户界面、数据模型、领域无关的(domain-independent)推理引擎、特定领域的(domain-specific)知识库以及专业模型构成(Moore et al.,1996)。其中,核心部件为推理引擎和知识库。推理引擎处理用户输入、控制知识库和数据的使用、定义系统输出。知识库是包括事实和规则的专家知识仓库,事实描述的是基本信息或事件的单一值,而规则是对专题的行为和功能进行建模(Moore et al.,2003)。其目的是将专家知识和数据集成到一个反映人类认知行为的体系结构中,并能够通过组件的方式集成异构数据和知识,提供更为强大的决策支持(Moore et al.,1999)。

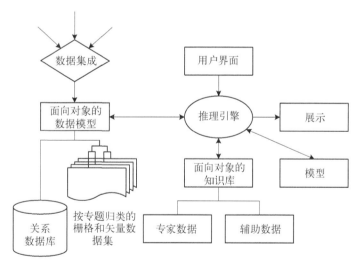

图1-6 COAMES架构

根据 Moore 等(1996)修改

COAMES是建立在地理和地理计算(GeoComputation)整体论的存在论基础之上的系统工具。整体论主要通过数据(信息或知识)、技术、时空尺度以及跨学科和机构四个方面得以体现。海岸带管理的本身涉及自然、社会、人文多方面的知识,潜在地就要求多方合作,综合不同的数据、方法和技术解决实际问题,比如技术上的整体论是通过集成专家系统、GIS以及遥感和GPS测量数据得以实现的(Moore et al.,2001)。

COAMES的原型系统已被用于研究英国东部霍尔德内斯(Holderness)海岸岸滩地貌的演变特征(Moore et al.,1997、2003)。该系统进一步的发展将会加入误差和不确定性分析模型,以及海岸带管理者与相关利益群体的沟通机制(如通过Internet建立论坛的形式)(Moore et al.,1999)。

(2) DIVA

DIVA(Dynamic Interactive Vulnerability Assessment)是欧盟项目DINAS-COAST(Dynamic and Interactive Assessment of National,Regional and Global Vulnerability of Coastal Zones to Climate Change and Sea-Level Rise)所开发的一个海岸带集成评估工具。它源于现有的全球脆弱性评价的一些局限性(Hinkel et al.,2003、2009),包括:① 基本数据源的陈旧和低的空间分辨率;② 将全球平均海平面上升作为海岸带脆弱性的唯一驱动力;③ 基于当前瞬时海平面的静态、单一的情景方法;④ 对于社会经济发展和适应的任意和过于简单的假设;⑤ 没有考虑生物地球物理和社会经济的动态反馈作用。

DINAS-COAST项目的目的是,开发一种动态可扩展的交互式工具,能够根据用户选择的有关国家、区域及全球尺度的气候、社会经济情景和适应政策,生成一系列定量的海岸带脆弱性指标信息(Hinkel et al.,2003)。该工具就是DIVA(图1-7),它主要由三部分构成:① 一个全球的海岸带环境、社会经济数据库;② 一个插件式的集成模型,用来评估海平面上升的生物物理和社会经济的影响,分析适应性措施潜在的效果和花费;③ 用于选择情境、编辑输入数据、执行模型、分析和可视化结果的图形用户界面(Torresan et al.,2008)。

DIVA数据库涵盖了全球除南极洲之外的所有海岸数据,包括超过80种自然、生态和社会经济的参数信息(Vafeidis et al.,2008)。所有的数据都通过7种地理要素类进行表达,包括:岸线段、行政单位、国家、河流、潮汐盆地(tidal basins)、世界自然文化遗址和5×5度的格网(Hinkel et al.,2009)。大部分参数信息都被参考到线性的岸线段,用于分段的参数有5个(Vafeidis et al.,2004),包括:海岸环境的地貌结构、潜在的湿地变迁、主要河流和三角洲的位置、人口密度、行政边界。根据这些参数,全球的岸线数据被分解为12 148个相对的同质单元,并作为进一步分析运算的基础。为提高DIVA工具的执行效率,所有必要的原始数据到DIVA数据库的转换操作都在ArcGIS软件中进行。

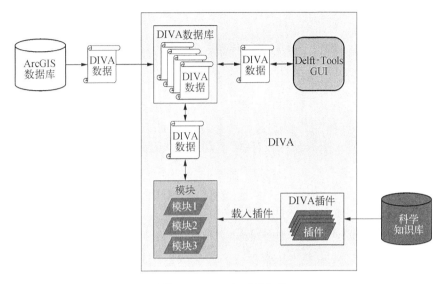

图 1-7 DIVA 系统架构

资料来源：http://www.pik-potsdam.de/DINAS-COAST/Overview/diva_tool

为保证 DINAS-COAST 项目团体（科学知识库）不同合作单位独立开发的插件式模型能够无缝地集成到一起，DIVA 在公共存在论（概念模型明确的规范说明）的基础上对迭代式开发过程进行严格的限定。插件式模型的开发分为两个阶段。首先，各自独立编写能自由读写系统任何状态属性的插件；然后，联合分析插件间的实际数据流。不断重复这两个阶段，直到得到满意的结果（Hinkel，2005）。

DIVA 的图形用户界面基于 Delft-Tools（http://www.wldelft.nl/soft/tools/）开发。Delft-Tools 是一套用于决策支持和时空数据分析的软件组件，其多年发展完善的决策、制图等应用保证了 DIVA 图形用户界面的友好和高效（Hinkel et al.，2003）。

（3）EDSS

河口决策支持系统（Estuary Decision Support System，EDSS）由一个快速的定性评估工具和一些用于复杂计算的解析地貌模型构成（Van Kouwen et al.，2008）。最初被用于荷兰 Western Scheldt 河口的航道疏浚工程，在此基础上进一步完善，为中国水利部建立了可操作性更强的用于长江河口的 EDSS。该系统包括疏浚工程模块、一维生态动力地貌模型、二维水动力和泥沙传输模型和一个社会经济/港口发展模块。长江河口 EDSS 的主要目的是：可持续的经济发展，包括水土资源的开发利用;自然资源保护;人口和基础设施安全。进而,在实地调查的基础上,对设定的情景进行分析达到辅助决策的目的(PDC,2000)。

(4) IPCC CM

政府间气候变化专门委员会(IPCC)公共方法(Common Methodology, CM)是一个1991年首次提出并被广泛采用的脆弱性评估框架。CM方法指定了三个关键情景变量,包括海平面上升的全球气候变化、社会经济发展及其响应措施,根据有关专家知识和数据分析,帮助用户评估海平面上升造成的影响。CM方法由7个步骤构成:① 描述研究区域;② 列出研究区域的详细特征;③ 指定相关社会经济发展因子;④ 评估自然变化;⑤ 规划响应策略;⑥ 评估脆弱性;⑦ 指定进一步的需要(UNFCCC,2008)。该方法利用经济价值作为沿海国家对未来海平面上升脆弱性的评估指标,利用成本效益分析来决定缓和未来海岸带影响的首选适应性措施,包括有计划的撤退(planned retreat)、适应和保护三种(Klein et al.,1999b)。

CM方法已经在许多沿海国家得到应用,如荷兰、德国、波兰、越南、澳大利亚等(UNFCCC,2005)。该方法推动了人们对海平面上升后果的理解,并鼓励长期的海岸带规划,但也发现了一些问题,主要表现在(Klein et al., 1999a):① 缺少必要的数据和模型,难以得出详细的定量评估结果,而且一些非线性的复杂海岸带响应过程(如生物地球物理响应)不得不被简化处理;② 过于强调保护性而不是适应性响应措施;③ 市场价值评估框架对许多自给经济和传统的土地所有制体系难以适用。因此,CM方法的结果在多数时候也只能作为进一步分析和建模的参考数据。

(5) SCAPEGIS

SCAPEGIS是一个集成了SCAPE(Soft Cliff And Platform Erosion)和海崖预测模型的可扩展的GIS工具,其主要目的是在GIS环境中对模型结果进行可视化表达,结合其他空间数据提供进一步的分析功能,为海岸带管理提供决策支持(Walkden et al.,2005)。SCAPEGIS和模型之间的连接采用了松散耦合的模式。这一模式的优势在于,它们可以被独立地开发、使用和更新。可视化是SCAPEGIS的主要功能,它能够对过去和未来的岸线演变情景进行可视化表达。SCAPE模型运行45个气候(包括海平面上升和波候)和管理情景,生成的结果可以输入SCAPEGIS中进行可视化表达,也可以作为海崖预测模型的输入数据。而海崖预测模型的输出结果又可以与辅助数据一起放到

SCAPEGIS 中进行可视化表达。最重要的是，SCAPEGIS 能够用来评估岸线变化对土地利用、城市区域及滩面状态变化的影响（Koukoulas et al.，2005）。

SCAPE 在根本上是一个基于过程的地貌数值模型，用来表达导致海岸侵蚀发生、发展的主要过程。其模型系统主要由波变形模型、输沙模型、海崖、岩屑堆和海滩地形的演变模型构成（Dickson et al.，2007）。利用 SCAPE 模型可以研究海滩剖面受波浪、潮汐、海平面上升、沿岸泥沙交换和岸线管理等因素影响下的重塑与后退模式（Nicholls et al.，2008a）。

（6）SimCLIM

SimCLIM(Simulator of Climate Change Risks and Adaptation Initiatives)是一个可以对气候变化影响进行分析的软件工具。它的早期版本是由新西兰政府支助的 CLIMPACTS 模型系统（Kenny et al.，2000）。而目前的版本 SimCLIM 允许用户根据特定的目的链接自己的数据和模型，对软件进行自定义和维护，是一个"开放框架"的软件系统，这是它的优势之一。另一个优势是，它包含一个独立的海平面生成器，可以生成由气候变化导致的区域海平面变化情景。特别之处在于，它能够快速生成基于位置的海平面情景，而这能够解释温室气体排放的一些不确定性。

SimCLIM 软件的主要目的是关联和集成复杂的数据和模型，对包括极端气候事件的气候变化的生物物理影响和社会经济效应进行时空模拟（Warrick et al.，2005）。它的核心特征是具有情景生成器和极端事件分析器，而且该特征直接与基于风险的气候影响评估相关。在 SimCLIM 中，两者的关联能够对当前和未来气候变化情景下的极端事件回访周期进行估计（Warrick，2009）。

该软件包含一个海岸侵蚀模型 CIM(Coastal Impact Module)。该模型在布容法则的基础上作了两方面的改进：一是可以输入时间延迟来表达海滩剖面向平衡剖面的逐渐调整；一是生成了一个随机风暴潮剪切力。可以用来分析海平面上升和极端风暴潮事件导致的潜在洪水区面积的变化（Abuodha，2009）。

（7）SimCoast

SimCoast 是一个基于模糊逻辑规则的专家系统，使研究者、管理者和决策者能够创建和评估海岸带管理的不同政策情景。它是跨学科多部门的软件系统，其目的在于，将一系列推理和分析工具与有关海岸带的专家知识相结合，为海岸带发展规划提供指导信息,最小化各种利益冲突(Novello Hogarth et al.,1998)。其本质上是一个决策支持系统框架,在这个框架下,不同的专家可以为每一个特定的情况设计具体的参数、数据和规则。

SimCoast 架构有几个优点(Westmacott,2001):① 首先是它的可扩展性,它的框架结构能够利用到任何海岸带系统构建模型;② 其模型的构建通常在一个讨论组(workshop)内实现,多方面的利益群体和专家都有机会介入;③ 将模糊逻辑纳入建模系统使得定性判断和非确定性数据得以融合;④ 将置信水平与每一个规则和参数定义关联。

它的缺点包括(Westmacott,2001):开展每一个应用都需要一定的时间和一定数目的专家,如果没有专家的参与,该系统将难以应用,这也使得SimCoast 不像一个科学建模工具,而是一个面向管理的"专家系统";该系统的概念基础是一个二维的多分带断面方法(multi-zoned transect),而二维断面是不相连的,因此它不能够解决跨边界问题;人类活动与其影响之间的关系规则往往被独立地定义,而现实中对海岸带的影响通常是多种人类活动共同作用的结果。

(8) SMP

岸线管理规划(Shoreline Management Planning,SMP)由英格兰和威尔士政府在 1995～2000 年着手实施,作为海岸侵蚀和海岸洪水大尺度和长期风险规划的一种手段(Cooper et al.,2002)。SMP 赖以实施的一个核心概念是沿岸沉积单元(littoral sediment cell)。沿岸沉积单元指的是一段海岸及其相连的近岸区域,在这个区域内粗颗粒泥沙的运动在很大程度上是自包含的(self-contained),也就是说,某一沿岸沉积单元内的泥沙运动不会对邻近单元产生影响(Defra,2006)。沿岸沉积单元的定义根据的是沉积过程和海岸过程,而不是行政边界。因此,这就要求不同的海岸带管理当局构成海岸带工作组并密切合作,只要有规划提出来,就需要各相关利益群体广泛地交流讨论以达成共同认可的方案,进而形成最终相对成熟的规划文本。这一方式在一定程度上有助于实现大尺度和长期的海岸防护规划(Ledoux et al.,2005)。但由于缺少长期的岸线演变数据,长期规划对第一代的许多 SMP 而言并没有实质性意义(Burgess et al.,2004)。

SMP 文档作为非法定文件,需要不断加入新的研究结果对其定期更新,因此就形成了一系列的 SMP 指导性文档。第一代 SMP 覆盖了英格兰和威尔士 6 000 km 的海岸,为海岸防护政策提出了 4 项措施:不干预(do nothing);

通过维护或改变保护标准而保持现有的防护线;推进现有防护线;回撤现有防护线。第二代 SMP 对主动回撤和被动回撤进行了明确的区分,将海岸防护政策的措施改进为 5 项:保持现有的防护线;控制性调整;推进现有保护线;有限干预;不主动干预。经过近十年的发展,在海岸过程的理解和制图方面取得了显著进展,新一代的 SMP 将以可持续的方式为海岸带风险管理提供解决方案。

SMP 理解海岸过程的基础"沿岸沉积单元"在后来许多相关的应用研究(Eurosion,2004)中得到了推广,其优点是在易于交流的基础上提供了对区域海岸过程的理解。但考虑到沿岸沉积单元只能反映海岸系统行为的一个方面,为了对未来的岸线演变进行更全面有效的评估,需要同时考虑其他因素。为此,Burgess 等(2004)在 Futurecoast 研究中提出了"行为系统"(behavioral systems)方法。该方法不再限定现实中几乎不存在的时空边界,而是将岸段放在一个更大的影响和过程框架中去理解。与以往方法不同的是,它不提供未来海岸演变的明确预测,而是提供一个可以被所有海岸带管理者用来制订可持续发展政策的知识库。

(9) 其他

另外,还有一些用于海岸带管理的决策支持工具,如 RISC(Risk Information System Coast)、SimLucia、MIKE、GENESIS(GENEralized Model for Simulating Shoreline Change)、DSAS(Digital Shoreline Analysis System)等。RISC 是一个利用 ArcView 将海岸带防护风险分析步骤集成到 Jade-Weser 河口 GIS 系统当中,以支持海岸带管理的决策支持系统(von Lieberman et al.,2002)。SimLucia 是 1996 年受联合国环境规划署(UNEP)委托开发的一个决策支持系统,用于西印度群岛圣卢西亚岛(Saint Lucia)的气候变化脆弱性评估和动态土地利用规划(http://www.riks.nl/projects/SimLucia)。MIKE 是一个由 DHI 开发的相对复杂的软件,可用于输沙计算和环境影响评估(Saengsupavanich et al.,2008)。GENESIS 软件通过对波浪和沿岸泥沙传输进行建模来模拟岸线的变化(Hanson et al.,1989)。DSAS 是一个用于计算历史岸线变化率的软件(Thieler et al.,2009),在第三章有进一步介绍。

1.3　存在的问题

通过以上叙述可以看出,海岸侵蚀决策支持技术在理论研究、模型预测、评价指标、软件方法等方面已经取得了一定的研究成果,但从当前全球变化形势下的应用来看还存在一些问题,有待进一步研究和解决。

1) 数据问题。有组织和一致性的海岸带数据是海岸带管理的必要前提。随着气候变化导致的海平面的不断上升,全球各沿海国家对海岸侵蚀问题都给予了高度关注,并且已经在海岸侵蚀的预测和评估方面取得了很大的进展,但全球和区域性的评估都不同程度地受制于数据问题,尤其是在发展中国家(Carter et al.,2007;Szlafsztein et al.,2007)。一方面,缺乏高分辨率、覆盖范围广能够反映区域全局特征的数据。其主要原因之一在于海岸环境的动态性,现有的数据获取技术难以精确地获取时空要素。因此,有必要发展更先进的数据获取手段(如遥感),同时还要研究改进模型技术(如数据同化)。另一方面,在数据可获得的情况下,数据质量或集成度不能满足应用要求。这种情况多是因为不同机构的数据获取和存储标准不一致,有必要在广泛合作的基础上建立有效的数据共享和集成机制,包括多源数据的集成管理。

2) 区域和局部尺度的决策支持工具和方法。到目前为止,在国家到全球尺度上已经发展许多决策支持工具和方法用于评估气候变化和海平面上升对海岸带的影响,如 SimCLIM、DIVA 等工具就是专门用来分析国家到全球尺度上海平面上升所导致的海岸带脆弱性,但区域到局部相对较小的空间尺度上更为详细的影响评估却并不多见。而大尺度的决策技术无法直接进行更小尺度上的海岸带发展规划(Torresan et al.,2008)。因此,未来需要在区域和局部尺度上的决策支持工具和方法的研究上投入更多的关注。

3) 非气候因素的量化和集成。海岸带尤其大三角洲地区是地球上人口最为密集、经济活动最为活跃的区域之一,20 世纪以来,人类社会发展对海岸带地区产生了深刻的影响。人类活动导致的气候变化越来越受到关注,研究者开始认识到非气候因素在海岸演变中的重要性(Nicholls et al.,2008b)。虽然许多已有的分析气候变化对海岸带影响的决策支持技术,如 COAMES、DIVA、SimCoast、SMP 等都考虑到了社会经济发展因素,但在大多数情况下,非气候变化因素考虑得并不充分,有些时候只是作为参考信息而存在,甚至被完全忽略(Nicholls et al.,2007)。进一步的研究有必要在可持续发展的背景下,对非气候因素的量化和模型集成技术投入更多的精力,以便海岸带灾害评估能够为海岸带管理决策提供更全面的知识和数据支持。

4) 不同因素对海岸侵蚀影响程度的量化。海岸侵蚀在全球范围内普遍存在,其严重性已经得到了共识,但不同影响因素,如海平面上升、地面沉降、海洋动力、河流来沙、流域及海岸带人类活动等,与海岸侵蚀的定量关系仍然是研究的难点之一。而弄清海岸侵蚀在多大程度上受气候变化的影响、多大程度上受人类活动的影响是制订可持续性海岸带发展规划的基础。

5) 针对淤泥质海岸的决策支持技术。目前,在海岸侵蚀研究中各种相对成熟的模型和软件工具(如一线模型、GENESIS 方法、SCAPEGIS 等)大都是针对沙质海岸或基岩海岸提出的,而对于海岸行为相对复杂的淤泥质海岸则很少涉及。淤泥质海岸多分布在大平原的外缘,受益于大量的河流来沙而不断向海扩张,是社会经济发展的重要区域,但随着全球海平面的不断上升和人类活动的不断加强,淤泥质海岸的侵蚀问题逐渐显现。针对淤泥质海岸的相关决策支持技术,如预测模型、评估方法、软件工具等方面的研究有待进一步加强。

6) 海岸侵蚀预测。海岸带管理规划通常要求对未来的岸线位置进行预测,目前多数的预测方法都是基于这样一个假设,即未来的海岸将延续过去的模式不断演变(Moore et al. ,2002)。而海岸是一个极端复杂的动态系统,通常表现为对变化的非线性响应,对海平面上升、泥沙供给等临界值的敏感性,在某一特定时段内海岸也许会趋向于一个动态平衡,但这一过程通常会被偶发事件所打断而变得不连续,甚至显著地偏离原有的演变轨迹,目前这一状况正由于全球变化和人类活动的叠加而变得愈发复杂(Lotze et al. ,2006)。再加上可获取数据在地质学上的短期性,海岸侵蚀预测的假设在多数时候是不成立的。事实上,破坏性的海岸侵蚀往往是由高度变化的海洋系统对海岸系统的不确定性响应决定的,因此不可能在确定性的条件下预测海岸侵蚀(Dawson et al. ,2009)。海岸系统的复杂性使人们认识到,尤其对于大尺度和长期的海岸行为的精确定量预测在目前的技术水平下是不现实的(Pilkey et al. ,2004)。所谓的定量预测的结果只能在一定程度上提供定性的和概念性的参考(Burgess et al. ,2004)。因此,在相当长的时期内,海岸侵蚀预测仍将是一个巨大的挑战。

7) 知识集成。鉴于海岸侵蚀的定量预测在当前的条件下还存在技术上的限制,近年来的一些研究开始探索对现有丰富的专家知识经验进行集成,以弥补单纯定量方法的不足,提升相关决策的可靠性。如 Quasta 方法(van Kouwen,2007),以及 COAMES、SimCoast 和 SMP 方法都在知识集成方面进行了有益的探索。而海岸带管理是一个跨学科、多部门相关的复杂问题,需要综合各种知识、并顾及不同群体的利益进行决策规划。而且科学的海岸带管理往往需要多个政府、科研机构,甚至不同国家之间的合作。一个健全的海岸侵蚀决策支持系统就不可避免地要集成不同学科、部门、机构和利益群体的知识,以达到对于海岸过程的全面理解,并支持可持续性的海岸带发展规划。问题是,以怎样的方式将不同类型(如自然科学与社会科学、专业人员与普通公众)的知识有效地集成在一起? 以及如何在一致性的前提下解决跨区域和跨文化的知识集成? 这些都将有待进一步的研究。

8) GIS 的角色。如上所述,GIS 在海岸带管理中的应用由来已久,当前的应用多局限于相关数据的获取、组织管理和表达分析,GIS 技术大大改进了传统方法的制图精度和表达效率。随着 GIS 技术和商业 GIS 软件的逐渐成熟,GIS 在海岸带研究中的应用也日益增多,应用的广度和深度都在不断拓展。海岸侵蚀决策支持技术可以从多个方面得益于 GIS 技术:首先,有了 GIS,复杂的海岸侵蚀数据就能够在多个时空尺度上得到分析,它可以帮助研究人员发现常规的地理学方法难以发现的现象。其次,调查显示,GIS 已成为海岸带管理者最常用的决策支持工具,它有助于科学研究与管理实践的结合(Tribbia et al.,2008)。此外,正如 Goodchild 等(2006)所指出的那样,地理信息科学(GIScience)的发展正从地球表面模式的描述和分析向动态地理过程的建模和表达转变。这意味着,一些复杂的海岸过程模型将被允许在 GIS 环境下建立和验证。可以看到,GIS 在海岸侵蚀决策支持中的角色已经得到认可,但要使其在具体应用中真正发挥作用还有很长的路要走。

1.4　本书组织结构

根据《国家"十二五"海洋科学和技术发展规划纲要》关于发展海洋环境灾害预警预报技术的要求,围绕国家海洋公益事业的需求,针对长江三角洲海岸侵蚀呈不断发展的态势,通过历史图件、遥感影像等相关系列资料的收集和深入的现场调查、走访,在阐明长江三角洲海岸侵蚀的历史、现状及其原因和机制基础上,研究长江三角洲海岸侵蚀灾害决策支持的关键技术,建立计算机辅助决策支持系统,对长江三角洲海岸侵蚀风险进行评价。

本书围绕长江三角洲辅助决策系统的构建,重点讨论淤泥质非平直岸线变化分析方法、岸线变化对流域来沙减少的响应、水下地形的构建与模拟、基于 GIS 的淤泥质海岸侵蚀风险评价模型、海岸侵蚀决策支持框架以及辅助决策系统的设计及实现。全书由 8 章构成,各章的内容如下。

第一章为绪论。主要介绍了研究背景与意义、国内外研究进展、存在的问题及可能的研究方向以及本书的主要研究内容和组织结构,为进一步的研究提供基础。

　　第二章为长江三角洲海岸侵蚀概况。主要介绍研究区域概况、长江三角洲海岸侵蚀的表现形式及其原因。

　　第三章为基于 GIS 的岸线变化分析。主要介绍岸线与岸线指标、数字岸线的获取、岸线变化率的计算及不确定性分析。针对长江三角洲淤泥质非平直岸线的具体情况,在传统垂直断面法的基础上,发展了基于地形梯度的正交断面方法,提升了基于 GIS 的岸线分析方法的适用性和精确性。

　　第四章在第三章方法的基础上,以崇明东滩岸线为例从不同时空尺度上详细研究了东滩的岸线变化模式,并定量分析了流域来沙减少与岸线变化之间的关系,综合多种因素分析并明确了流域来沙减少对不同岸段岸线变化的影响。

　　第五章在对水下地形数据的获取、地形模型的构建方法进行回顾的基础上,结合遥感手段反演潮滩地形,着重讨论了基于分形布朗运动模型(fractal Brownian motion,简称 fBm)的潮滩及水下地形的模拟方法,结果表明基于 fBm 的模拟方法具有精度可靠、视觉效果好、真实感强的特点,适合水下地形的构建。

　　第六章在研究基于 GIS 的海岸侵蚀风险评价模型,结合研究区的自然和社会经济条件,建立评价指标体系,并引入层次分析法(AHP)对各评价因素进行加权,实现对长江三角洲海岸侵蚀的风险评价。

　　第七章提出了适合于长江三角洲的海岸侵蚀决策支持框架模型,该模型包括四个部分:海岸侵蚀综合数据库、基于 GIS 的海岸侵蚀风险评价模型、可视化工具集和情景生成器。该框架有利于联合计算机技术和专家知识,为海岸带管理决策提供支持。

　　第八章结合前面各章节所描述的关键技术,在系统分析、系统总体设计、系统实施和系统测试等多个层面上讨论了长江三角洲海岸侵蚀灾害辅助决策系统的设计与实现。

第二章　长江三角洲海岸侵蚀概况

2.1　研 究 区 概 况

长江是我国的第一大河,全长超过 6 300 km,向来以富水丰沙而著称。长江输沙量居世界第四位(Zhang et al.,2011),根据《2012 年长江泥沙公报》显示,大通站多年平均(1950~2010 年)径流量为 8 964 亿 m³,多年平均(1951~2010 年)输沙量为 3.90 亿 t。历史上,长江曾在镇江扬州一带入海。下游江面展宽,巨量泥沙经消能作用近一半沉积于河口区逐渐堆积成陆,长江三角洲也不断向海推进(Chen et al.,1985)。长江河口是世界最大的河口之一,淤泥质海岸最为发育,属潮控型河口环境(Saito et al.,2001)。年入潮量 8.40×10⁴亿 m³,高出径流量一个数量级。口外潮汐类型为正规半日潮,口内为非正规半日浅海潮。多年平均潮差 2.7 m,最大潮差达 4.6 m。波浪主要为风浪以及风浪、涌浪的混合浪(时钟,2000)。20 世纪 60 年代以来,长江入海泥沙通量不断减少,使得长江河口水下三角洲呈退化迹象(Yang et al.,2007)。同时,长江三角洲也是我国地面沉降的重灾区,最大沉降速率达 24.12 mm/a(Wang et al.,2012)。预测表明,在海平面上升和地面沉降的联合影响下,到 21 世纪末该区域相对海平面将上升 1.5~2.7 m(Zhou et al.,2013),届时上海市一半的区域将被洪水淹没,46%的海堤将出现漫水,难以起到防护作用(Wang et al.,2012)。

长江三角洲的生长发育极为复杂,除了受流域来沙和海陆相互作用的影响外,近年来全球变暖以及流域建坝、调水等人类活动更增加了其复杂性。本书所讨论的长江三角洲海岸包括上海市全部海岸、江苏省太仓市的部分岸线以及海门市、启东市从北支口至吕四港的部分岸线(图 2-1)。研究区内海岸类型以淤泥质为主,目前除了苏北、崇明岛、九段沙及南汇边滩的部分海岸分布有大面积自然滩涂外,其余部分皆以人工海岸为主。研究区内目前主要的侵蚀岸段包括苏北吕四海岸、长江口南支南岸的部分岸段以及杭州湾北岸。

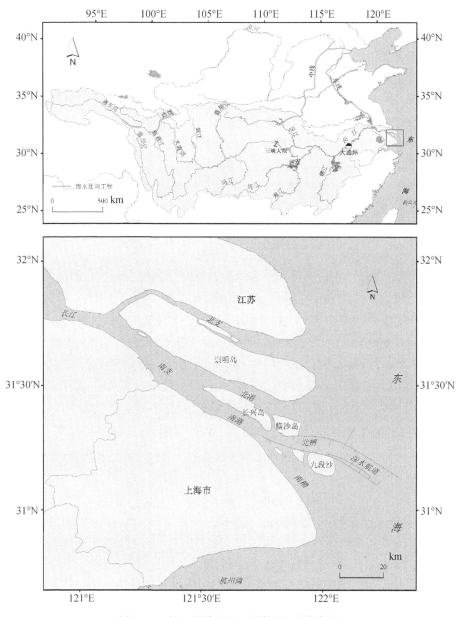

图 2-1 长江流域及河口形势图(后附彩图)

2.2　海岸侵蚀的表现形式

长江三角洲的海岸侵蚀在空间和时间尺度上各有不同的表现形式。

空间上大体可分为岸线后退和滩面刷低两种。前者是拥有广阔自然滩涂的海岸最直观易见的侵蚀形式,但它不是一个孤立发生的过程,岸线的后退往往首先伴随着滩面的刷低。而对于受海岸工程控制的海岸,由于岸线已不可能后退,滩面刷低则常常是唯一的侵蚀形式,它又可分为高潮滩刷低和低潮滩刷低等几种,侵蚀结果是滩面变窄、高程降低、坡度加大(季子修等,1993)。在潮滩坡度较大的岸段,加上海岸防护工程不够稳固,在高能风暴潮的冲击下,塌岸现象也时有发生。杭州湾北岸曾经历过大规模的坍塌过程,如,1500 年前陆上玉盘山首先坍塌入杭州湾中。长江口南支南岸的局部岸段也出现过坍塌现象,1694 年、1732 年老宝山城和宋黄窑镇相继坍塌入江。近代以来,随着海岸防护工程的不断加固,塌岸现象才得以控制。

在时间尺度上,长江三角洲的海岸侵蚀存在着多年变化的长周期、季节性变化的年周期和暴风浪作用的短周期现象(恽才兴,1983)。其中,构造沉降、气候变化导致的海平面上升、河流改道、流域来沙、主流摆荡、入海汊道水沙分配是控制长周期变化的主要原因。而潮滩的季节性冲淤变化则主要受风向及岸线走向所控制,随着河口风情的季节性变换,潮滩的冲淤变化亦带有明显的季节性,其实质是季节性风向引起的波向、流向的变化。暴风浪作用的短周期海岸侵蚀具有历时短、破坏力强的特点,虽然一段时间后海岸系统又会在自然力的作用下得到部分或全部的恢复,但对于海岸工程的破坏却是灾难性的。

2.3　海岸侵蚀的原因

引起侵蚀的原因多种多样,由于研究区域的不同,不同研究者的认识各有侧重。从根本上讲,影响长江三角洲海岸侵蚀的原因可概括为三个方面:泥沙的来源、泥沙的分配、海岸系统自身的稳定性。具体而言,全球变化及流域人类活动影响泥沙的主要来源;波浪、潮流等海洋动力因素以及主流摆荡、相对海平面上升等制约着泥沙的分配;而海岸类型、潮滩宽度、坡度以及潮滩植被等因素则决定着海岸系统自身的稳定性。下面对其中一些重要原因进行分别叙述。

(1) 流域人类活动

早期的统计结果显示(Chen et al. ,1998b),长江年均径流量 9 240 亿 m³,携带 4.86 亿 t 的泥沙入海。巨量的泥沙来源是长江三角洲不断得以向海发育的物质基础。除了全球气候变化对入海泥沙量有着重要影响外,流域人类活动也是一个不可忽视的因素,主要有水利工程、采砂和水土保持三个方面。

至 1949 年中国仅有 22 座大坝,1950 年以后大坝建设极其迅速,约一半位于长江流域。目前长江流域已有近 5 万座水坝,其中三峡大坝总库容为 393 亿 m³,相当于长江年径流量的 4.5%。2003 年蓄水以来,三峡大坝已拦截了 60% 的上游来沙,并造成了输沙量的显著降低;2003~2005 年三峡大坝导致平均输沙量降低 0.85 亿 t,相当于 20 世纪 60 年代以来总降低量的 28%(Yang et al. ,2007)。与大坝不同,调水工程不仅影响长江径流量的季节性分配,也对输沙量产生影响。南水北调工程是一个跨流域调水项目,包括东线、中线和西线工程,规划总调水规模 448 亿 m³。东线一期工程已于 2013 年底正式通水,设计年抽江水量 87.7 亿 m³。中线一期工程于 2014 年 10 月下旬正式向北方供水,年调水量 95 亿 m³。当东线和中线工程完工之后,每年总调水量将超过 280 亿 m³。根据大通站和汉口站的悬沙浓度(SSC)0.352 g/L(Yang et al. ,2002)和 0.429 g/L(Fu et al. ,2005)估算,东线和中线每年将调走 0.11 亿 t 的泥沙量,分别相当于 20 世纪 50 年代和 2003 年以来平均输沙量的 2.8% 和 7.2%。每年相当于长江平均径流量 5% 的调水量将对河口水文环境所产生的影响也值得关注。

长江采砂活动主要发生在长江的中下游,早在 20 世纪 50 年代就已经开始,直到 20 世纪 80 年代才形成一定的规模,20 世纪 90 年代以后随着建筑材料需求的增加,采砂活动得到了空前发展(Chen et al. ,2005)。官方的估计数据显示,20 世纪 80 年代后期至 90 年代早期,长江每年的采砂量达 26×10^6 t;20 世纪 80 年代以来,湖北、湖南、江西、安徽和江苏五省采砂活动导致的泥沙损失量为 40×10^6 t 到 80×10^6 t(Chen et al. ,2005)。

进入河流系统的大部分泥沙都是水土流失的结果(Wilkinson et al. ,2007),因此开展水土保持工作对河流泥沙含量具有重要影响。长江上游地区 90% 以上是山地高原,特别是 25 度以上的陡坡生态环境极其脆弱,在缺少有效植被覆盖的条件下,大风和暴雨均可造成严重的水土流失(万晔等,2008)。近年来国家投入大量人力物力开展水土保持工作。2007 年发布的《长江流域水土保持公报》显示,截至 2005 年长江流域各级水行政主管部门共设有水土保持监督执法机构 850 多个,专职监督执法人员 7 000 多人,各级水行政主管部门累计审批水土保持方案 8.1 万个。根据 2000 年全国第二次水土流失遥感调查,长江流域水土流失面积 53.1 万 km²,比 20 世纪 80 年代中期的第一次调查数据减少了 15%。虽然一些局部地区的水土保持措施已初具成效,如嘉陵江流域的水土保持措施减沙 1 720 万 t,占总减沙量的 16.3%(许全喜等,2008)。但从《中国水土保持公报》提供的数据来看,2002 年以来土壤侵蚀总量并无实质性减低。水土保持工作对长江入海泥沙量减少的贡献仍存在很大的争议(Chen et al.,2005;Dai et al.,2008)。不过可以肯定的是,随着国家对水土保持工作的重视,水土保持工作对河流泥沙减少的影响将逐渐凸显。

　　受流域人类活动的影响,自 20 世纪 60 年代以来大通站输沙率不断降低(图 2-2),较为显著的降低可分为三个阶段:首次降低始于 20 世纪 60 年代末期,主要归因于丹江口水库的蓄水;从 20 世纪 80 年代中期开始,嘉陵江流域的水土保持工作和各种水利工程的拦沙导致了大通站输沙率的再次降低;2003 年三峡大坝蓄水后大通站输沙率进一步降低。平均值从 1950~1985 年的 4.69 亿 t,降到 1986~2002 年的 3.40 亿 t,2003~2010 年仅为 1.52 亿 t。

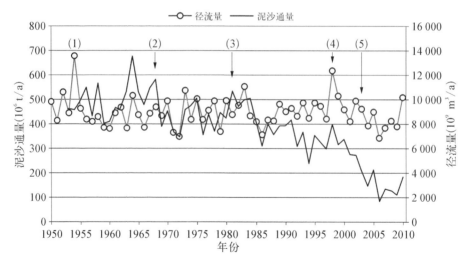

(1) 1954 年大洪水;(2) 1968 年丹江口水库建成;(3) 1981 年葛洲坝截流;(4) 1998 年大洪水;(5) 2003 年三峡大坝蓄水

图 2-2　1950~2010 年长江大通站泥沙通量和径流量

(2) 主流摆荡

在历史时期,长江河口南汇咀与廖角嘴之间的宽度曾达 180 km,在海陆交互作用下,河口沙洲此消彼长,入海汊道摆荡不定。现代长江口口门宽约90 km,自徐六泾以下呈现"三级分汊、四口入海"的格局(陈吉余,1957)。崇明岛将长江入海口分为南、北两支,直到17世纪北支一直是主河槽。18世纪,长江主流从北支转移到南支,从那以后北支开始变窄和淤积。到20世纪50年代,通过北支的长江径流量已不足2%(Chen et al.,1985)。长江口向苏北沿岸输送的泥沙显著减少,导致吕四附近30 km长的岸段节节后退(左书华等,2006)。近百年来,入海汊道的冲淤和沙洲的变迁导致各汊道分水分沙频繁变化,入海主泓因此不断更替,其结果往往是新主泓沉积物的淤积和废弃主泓水下三角洲前缘的后退,各岸段的冲淤速度也会相应地调整,如1870~1927年,长江主泓改由北港入海的历时长达50多年,当时南港南槽普遍发生淤积,川沙岸外涨出宽达2 km的潮滩。1927年以后,入海主泓又回归南港,川沙岸滩受主流冲刷坍塌后退(恽才兴,1983)。

(3) 海平面上升

季子修等(1994)根据1988~1991年的调查数据估计,当海平面上升50 cm和100 cm时,长江三角洲的潮滩面积与1990年相比将分别减少9.2%和16.7%,湿地面积减少20%和28%。当海平面上升65 cm时,原来百年一遇的极值高潮位将变为十年一遇(孙清等,1997)。施雅风等(2000)研究认为,1990~2050年相对海平面上升的最佳估计值是:上海市50 cm左右、长江三角洲北部沿海约45 cm、杭州湾北岸为25~30 cm;当海平面上升50 cm时,1%频率的风暴潮位将增加38~40 cm,侵蚀岸线的比例将由36%提高到50%左右;预计侵蚀海岸、稳定海岸和淤涨海岸的潮滩与湿地面积将分别减少13.7%~14.4%、44.3%和34%~37%,若干相对稳定的岸段将陆续发展成侵蚀海岸。根据国家海洋局发布的《2013年中国海平面公报》显示,1980年至2013年,中国沿海海平面上升速率为2.9 mm/a,高于全球平均水平。预计未来30年,江苏沿海海平面将上升85~155 mm,上海沿海海平面将上升85~145 mm。海平面上升对长江三角洲海岸系统的影响主要表现在三个方面(季子修等,1993):① 潮流作用的强度是由涨落潮流速度和潮差大小决定的,海平面上升将使潮差加大,潮流冲刷作用增强;② 岸外滩面水深加大,波浪和风暴潮作用增强。根据浅水区波浪动力学原理,当岸外水深增加1倍时,波浪作用强度将增加5~6倍;③ 潮滩变窄,滩面消浪抗冲能力减弱。对于潮上带缺失的岸段,岸外滩面的下蚀力度将会加大,滩面坡度变陡,海岸侵蚀将进一步加剧。

（4）地面沉降

长江三角洲处于地壳运动的缓慢沉降区。苏北至杭州湾,构造下沉速率为 0.4~1.2 mm/a,上海地区为 1~2 mm/a(孙清等,1997)。1956~1965 年,上海市区地面累计沉降量达 5 cm 以上的面积为 500 km²。1966 年采取控制措施后地面曾一度得到回升。但 1972 年以后仍有较大沉降,1972~1989 年上海市区平均沉降速率为 3 mm/a,1985~1990 年上海市中心区和浦东地面沉降速率达 6~7 mm/a(孙清等,1997)。1991~1996 年,上海市中心城区累计平均沉降量高达 61.2 mm,沉降速率为 10.2 mm/a。如今,以上海为中心,苏州—无锡—常州沉降带和嘉兴沉降区已连成一片,沉降面积达到 8 000 km² 左右(刘杜娟等,2005)。

地面沉降是区域性的相对海平面上升的重要因素之一。就上海而言,20 世纪内地面沉降对于相对海平面上升的贡献约为 85%,预计 21 世纪可能的贡献为 60%(龚士良,2008)。地面沉降与海平面上升的叠加将会进一步加大海岸侵蚀的风险。

（5）围垦

长江三角洲是中国重要的经济区域,为了获得更多宝贵的土地资源,不断地实施围海造地工程。截至 1999 年,江苏潮滩围垦面积已接近 3.5×10³ km²,随着围垦的加快,潮滩淤涨速率明显低于围垦速度,可供围垦的面积不断减少(吴小根等,2005)。18 世纪以来,上海地方政府在东滩开展了多次大规模的围垦(Yang et al.,2005)。自 1949 年以来共圈围土地约 871 km²,占目前上海市土地面积的 13.7%;其中崇明岛 541.7 km²,长兴岛、横沙岛和九段沙45.4 km²,浦东从吴淞口至朝阳农场 68.5 km²,南汇边滩从朝阳农场至芦潮港 67.4 km²,杭州湾 148.2 km²(陈基炜等,2005)。目前上海沿岸高滩已围垦殆尽,正在朝低滩发展。

围垦从三个方面对岸滩的发育产生影响:首先,围垦破坏了潮滩水沙和地形之间经过长期调整所形成的均衡状态,引起水流速度、悬沙浓度的时空变化,从而导致潮滩剖面形态的剧烈调整,调整的结果使得近岸潮滩地形坡度加大,增加了海岸防护工程的投入和海岸侵蚀风险;其次,围垦减少邻近岸段的泥沙供给,增加邻近岸段侵蚀的可能性,如杭州湾的主要泥沙源来自长江口,南汇边滩的不断围垦,使其泥沙供给减少,加上特殊的水动力条件,造成了杭州湾北岸的严重侵蚀;另外,围垦使得潮滩植被覆盖显著减少,使潮滩更易遭受侵蚀,潮滩植被可以促进潮间带地区的泥沙沉积,具有缓流消浪、稳定岸滩的作用(杨世伦等,2001)。对于杭州湾北岸和长江口来说,潮滩植被尤为重要,因为这些地区的植被生长旺季正好与水动力最强季节一致,可以起到显著的保滩促淤作用(季子修等,1993)。

　　(6)水动力因素

　　造成海岸侵蚀的主要动力因素为潮流(包括风暴潮)和波浪,潮流是侵蚀的主要动力,波浪决定侵蚀的季节变化(季子修等,1993)。长江三角洲海区是中、强潮流区,实测最大潮流速,北部在 2 m/s 以上,杭州湾超过 3 m/s。长江口外平均潮差 2.5 m,向两翼则逐渐增至 4 m。该区潮流具有作用强、变化大以及落潮流速大、历时长的特点,这些共同控制了泥沙的垂直和水平运动,成为海岸侵蚀的重要原因之一(左书华等,2006)。长江三角洲也是风暴潮的多发区,1694 年和 1724 年两次台风风暴潮各伤亡 7 万人和 10 万人。随着全球变化的不断加剧和气候变暖导致的海平面上升,风暴潮发生的概率和强度都将增大,海岸侵蚀也将进一步恶化。据估计,如果海平面上升 15 cm,风暴潮发生的概率将增加 1 倍左右(Gornitz et al.,1982)。波浪的作用主要是掀沙。20世纪 80 年代的调查显示(任美锷等,1986),江苏海岸的年均波高为 0.6～1.2 m,当吹东北强风时,岸外沙体上最大波高可达 4 m,近岸可达 2 m。长江口南港实测最大波高 3.2 m,向口外波高逐渐增大,曾测得超过 6 m 波高的记录。长江三角洲北部海区冬季偏北方向浪频率高,最大波高大;南部海区夏季东南向浪频率高,最大波高大。波浪因素的这种季节变化规律以及长江口两翼海岸走向的差异,造成了北侧海岸冬春侵蚀强、南侧海岸夏秋侵蚀强的特点(季子修等,1993)。

　　综上所述,长江三角洲海岸侵蚀过程极为复杂,涉及自然和人为诸多因素,而且各因素间存在着复杂的相互作用和叠加效应,同时海岸系统的演变反过来又对各因素产生影响。

第三章　基于 GIS 的岸线变化分析

3.1　引　言

　　岸线的进退是海岸侵蚀最直观易见的表现形式。从最古老的地图中我们可以发现,人们从一开始就是使用线性特征对海岸进行描绘的。那么,通过分析岸线的变化来研究海岸系统的演变自然就是一种最基本的和直观的方法。同时,岸线变化分析也是有效的海岸带管理规划所必需的。

　　几十年以来,人们已经在岸线变化分析研究方面做出了很多努力。常见的岸线变化分析方法可归为水动力学方法和图形学方法两大类(Ali,2003)。前者将波、流、沿岸输沙等动力因素并入模型当中,依靠大量的实地观测数据来进行模型的解算。这类模型当中,最常用的要数一线模型(Pelnard-Considère,1956),包括由一线模型发展而来的,如二线模型、N 线模型、GENESIS 方法(Hanson,1989)等。而后者认为岸线的几何性质是各种动力因素综合影响的结果(Ali,2003;Srivastava et al.,2005),因而撇开复杂的动力模型,从岸线的几何位置和形态入手,在 GIS 时空数据库的支持下对岸线的演变规律和趋势进行建模,进而反映其内在的海岸侵蚀过程。这类模型包括EPR(End Point Rate)模型(Fenster et al.,1993;Liu,1998)、线性回归模型(Liu,1998;尹明泉等,2006)、高阶多项式(Li et al.,2001c)等。除了这两类方法之外,还有灰色系统方法(郭永盛等,1992)、概率方法(Dong et al.,1999)等。

　　其中,一线模型主要针对的是沙质海岸,它假设岸线仅在垂直于海岸的方向上运动,运动轨迹上的各点方向相同。在一线模型的求解中,波浪模型至关重要,而对近岸波浪各物理量之间的关系及其形成机制的研究尚不成熟(李志强等,2003)。这意味着一线模型仅适于研究平直的沙质海岸,对于较复杂的非平直岸线则难以运用。近年来在 GIS 和遥感技术的推动下,基于图形学的方法因其数据获取便捷、计算简单、方法灵活而得到了广泛的应用(Li et al.,2001c;Srivastava et al.,2005;Thieler et al.,2009),该方法在岸线变化分析及预测方面已被证实是可靠的(Maiti et al.,2009)。而这类方法的研究实例多是针对相对平直的沙质海岸提出的,对于形态较为复杂的淤泥质海岸的研究则很少见到。

3.2　岸线与岸线指标

岸线一般指水陆交界线,为多年平均大潮高潮时水陆分界的痕迹线(Dolan et al.,1983;王颖,2012)。但这一界面是一个时空高度动态的实体,受海岸过程、相对海平面上升、泥沙运动、气候变化及人类活动等因素的影响,海岸系统每时每刻都处于变化当中(Byrnes et al.,1991)。现实当中很难找到一条确定的线,通常人们所说的"海岸线"实际上是一个海陆交汇的过渡带。但为了管理和研究上的方便,需要将这一过渡带建模为一条线性特征,并对其进行明确的定义。

考虑到岸线的动态特性,人们常用岸线指标(shoreline indicator)或代理岸线(shoreline proxy)来代表真实的岸线位置。只要能够用来指示真实岸线位置的相对稳定的特征都可以用作岸线指标。通常,岸线指标可以分为可见和不可见两大类。Boak 等(2005)总结了常用的 45 个岸线指标的实例,共 28 种不同的岸线指标。可见的岸线指标可以通过测量手段或者直接从遥感影像上解译得到,包括植被线、干湿线、护岸工程向陆一侧的边界、瞬时水边线、海崖的边界等。而不可见指标通常无法直接观测得到,需要通过一些数据推导得出,如平均高潮线、等深线、基于 video 的岸线等。其中,平均高潮线通过海滩 DEM 数据和潮位数据计算得到;等深线由水下地形数据插值得到;基于 video 的岸线指标则是通过记录一个潮周期内多条水边线,结合海滩高程数据、潮汐、波浪条件推算得出(Aarninkhof et al.,2000)。

具体岸线指标的选取应当依据研究区域自身的环境条件和针对的研究问题,同时充分考虑到岸线在时间和空间上的动态性。不同的岸线指标产生的误差也各不相同,Morton 等(2004)比较了高潮线和平均高潮线作为岸线指标之间的差异。越是向陆的和地理位置越高的岸线特征,其易变性越小,用于研究海岸演变也越可靠;反之,岸线特征变化的频率和变化量就越大,误差也就越大,因此不宜用作岸滩演变的指标(Méndez Alves,2007)。

基于以上分析,此处所指的岸线是:为了管理和研究的目的,根据某一指标推导得到的用来代表海陆界面和海岸演变过程的线性要素。

3.3　数字岸线的获取

数字岸线(digital shoreline)指在计算机中以矢量方式存储的岸线。利用数字岸线可以更方便地计算岸线变化率,进行岸线变化分析。数字岸线可以通过数字化海图、遥感解译以及实地测量的方式来获取。遥感解译是最常用的数字岸线获取手段,其中所涉及的数据源包括光学遥感影像、雷达影像和LiDAR数据。与雷达影像和LiDAR数据相比,光学影像数据具有数据种类丰富(多种传感器及分辨率)、覆盖范围广、长期的重复观测、花费低等优势,尤其是多光谱影像数据在中长期岸线变化识别研究上最为常用。利用光学影像数据解译数字岸线通常借助监督分类法、非监督分类法、决策树方法、指数法(如水体指数、植被指数等)和阈值法得以实现。也有研究者提出了亚像元岸线提取方法(Pardo-Pascual et al.,2012)。但对于复杂的岸线,这些自动提取方法往往难以满足实际应用的要求,因此数字岸线的提取往往伴随着手工过程。在具体操作中,数字岸线的获取或岸线的数字化技术可分为三类:手工数字化、自动数字化和半自动数字化方法。手工数字化是借助某种数字化软件,根据从遥感影像上判读到的预先确定的岸线指标,通过点击鼠标的方法逐点将其位置记录下来。这种方法效率较低,但精度有保证。自动数字化是在上面提到的岸线自动提取方法处理结果的基础上,对特定的边界或特征进行自动矢量化,并将其转化保存为数字岸线文件。全自动提取方法效率高,但精度难以保证,尤其对于空间变化复杂的岸线,全局提取精度往往难以达到应用的要求。因此,实际操作中通常利用软件特征提取的功能来辅助手工数字化,或者对自动提取的矢量岸线中不符合精度要求的岸段加以手工修正,即半自动化方法。这种方法既能保证效率又能保证精度,是具体实践中常用的方法。以下分别介绍ERDAS和ArcGIS中提供的快速矢量化功能在岸线提取中的应用。

3.3.1　基于Easytrace的岸线快速提取

Easytrace是对ERDAS软件中现有的矢量、AOI和注释编辑工具增加的辅助特征提取功能。为了更精确地表达影像中的特征地物,传统的屏幕数字化方法往往需要用户在地物(如河流、道路、岸线等)弯曲部分点取更多的顶点,这对数字化人员的专业素质就提出了更高的要求,同时也是屏幕数字化效率低下的关键所在。而Easytrace能够按照预先设定的参数在鼠标落点附近或用户点取的两点之间自动提取地物特征,并插入顶点,最大限度地减少点击鼠标的次数,从而可以显著提高矢量化的效率。该工具可以处理任何ERDAS支持的栅格数据,在绝大多数情况下不需要对数据做预处理,而且可以设定不同的特征类型(如边缘、中线、双线)和跟踪模式(如Rubber Band模式、离散模式、流模式和手工模式)能够适用于不同的数据类型和对象特征(图 3-1)。

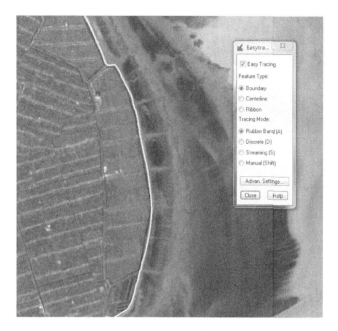

图 3-1　ERDAS 软件智能矢量化示例
(黄线为矢量化结果,后附彩图)

3.3.2　基于 ArcScan 的岸线自动提取

　　ArcScan 是 ArcGIS 软件中的一个扩展模块,也是一个更为灵活的栅格数据矢量化工具。不同的是 ArcScan 只能处理二值图像,用户首先需要对原始待矢量化图像进行二值化处理,加载矢量图层并使矢量图层处于编辑状态,才能够激活该工具。ArcScan 提供了交互式矢量化和自动矢量化模式。当需要更精确地控制矢量化过程或仅对一小部分数据进行矢量化时,矢量化跟踪工具可以对需要矢量化的栅格数据跟踪生成矢量要素。在工作量大的情况下,可以使用自动化处理。不过虽然自动矢量化简单快捷,但由于不同空间区域的地物特性有所不同,每景影像的质量也参差不齐,不能做统一处理,人机交互式的矢量化模式就把自动矢量化和人工解译的优点结合起来,很好地解决了这一问题。

　　由于 ArcScan 只能处理单波段栅格数据,而且需要首先做二值化处理,因此在从遥感影像中提取较复杂地物时,很多时候直接对原始数据进行一个波段二值化处理往往得不到理想的结果。这时,就需要对原始影像做相应的预处理。比如,若要提取水体,可以使用原始影像计算水体指数;若要提取建筑用地,可以计算归一化建筑指数;提取植被可以计算植被指数;等等。然后,对计算结果做二值化处理,作为矢量化的直接数据源。

在研究中,可以采用半自动化的矢量方法,并在处理过程中,根据每景影像的不同特点,采用不同的处理方式,即自动化程度各有不同。对于空间分辨率较低、成像质量稍差或受雾霾影响的数据,更多地采用手工数字化的方法以保证数字化的精度。而对于分辨率较高、成像质量较好、特征明显的影像数据,更多地采用自动化的处理方法,以提高数字化的效率。如图 3-2 是利用 ArcScan 工具自动提取岸线的示例。图中右边部分是原始 Landsat TM 影像数据 4、3、2 波段组合的结果,可以看出图像质量较好,陆地与滩涂的分界线即是大堤,特征非常显著。因此,根据该数据的特点可以首先计算原始数据归一化差值植被指数(NDVI),其次对计算结果选定阈值进行二值化处理,然后对二值化图像进行清理操作得到的结果即如图 3-2 左半部分所示,最后利用 ArcScan 工具进行自动矢量化处理,得到了非常好的结果,图中红线就是自动提取得到的矢量岸线。

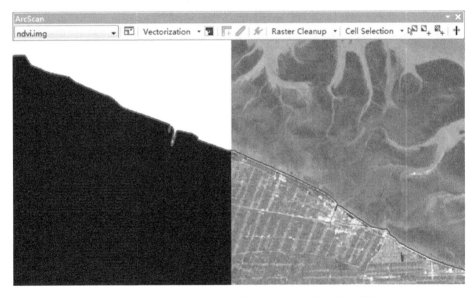

图 3-2　基于 ArcScan 的岸线自动提取示例(后附彩图)

3.4　岸线变化率的计算

获得了数字岸线,接下来就需要从时间和空间上定量地描绘岸线的变化,常规地有两类方法：面积差法和断面法。前者通过计算各时相岸线所包围面积的差值，依此来获取岸线的变化情况。这种方法计算简单，但只能得到某一区域岸线在时间维度上的变化率，而无法获得空间上的变化模式。而实际当中，由于近岸带泥沙、动力条件等的差异，沿岸方向上各处的岸线演变模式并不一致，因此需要一种采样策略来获取研究区内各岸段及总体的岸线变化情况。断面法就解决了这一问题，也是最常用的方法。

3.4.1 传统的垂直断面法

断面的合理性关系到岸线演变速率的计算和对冲淤规律的正确认识。已发展的断面方法有中心辐射状断面（尹明泉等，2006；郭永盛等，1992）、垂直断面（Ali，2003；Carter et al.，1984；Thieler et al.，2009）和拓扑约束断面法（topological constrained transect method，TCTM）（Arias Morán，2003）。中心辐射状断面在向陆一侧确定一个基点，由基点出发按照某一角度间隔，向海方向作若干条直线作为断面；而垂直断面则在向陆或向海一侧选择一些海岸基线，沿基线等距地向海或向陆方向作垂直于基线的直线作为断面；TCTM 断面法试图通过定义两条相邻岸线各自的包括节点和拐点在内的关键点，来跟踪岸线运动的真实轨迹。中心辐射状断面仅适用于对较为规则的扇形三角洲海岸进行近似分析。虽然 TCTM 断面法的思想较中心辐射状断面和垂直断面更为接近实际，但关键点的选取带有很强的主观性，而且还需要满足一定的限制条件，因此该方法还有待完善。而垂直断面法由于构造简单、计算效率高而在许多岸线分析中得到应用。美国地质调查局（USGS）提供的用于计算岸线变化率的软件"岸线变化分析系统（DSAS）"利用的就是垂直断面法（图 3-3）。

基线（baseline）是断面的起点，是岸线变化分析的重要元素（Thieler et al.，2009）。基线可以分段位于向陆或向海的一侧，但不能与岸线相交（图 3-3）。在 DSAS 软件当中，基线的获取有三种方法：创建要素，手工绘制和编辑一条新的基线；对已有的岸线做缓冲区；使用已有的基线。通过缓冲区创建基线的步骤是：在 ArcGIS 软件中，首先将所有岸线合并为一个要素，选择合适的参数创建缓冲区；然后，对缓冲区进行编辑，删除不需要的部分，对剩下的部分进行修改，使其符合应用的要求。

基线生成后，就可以沿基线等间距地向岸线一侧作垂线与岸线相交，为进一步岸线变化率的计算做准备。垂直断面法假设沿岸方向上泥沙均匀分布、岸线平行于海岸移动。该方法忽略了沿岸方向上岸线演变的差异性，因此它的适用范围只能是变化较为规则的平直岸线，如动力条件较为简单的沙质岸

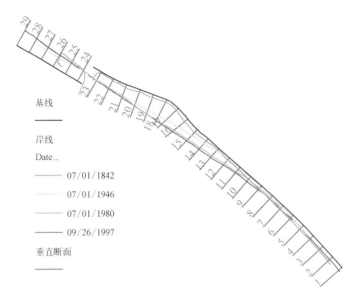

基线

———

岸线

Date

——— 07/01/1842

——— 07/01/1946

——— 07/01/1980

——— 09/26/1997

垂直断面

———

图 3-3　垂直断面（DSAS 示例数据，后附彩图）

线，而在分析较为复杂的岸线时还存在问题（Arias Morán，2003）。

3.4.2　基于地形梯度的正交断面法

岸线演变与海岸地形有着复杂的相关性（Perillo，1995）。海岸地形对淡水、陆源沉积物和营养物质的向海输运路径，以及在海岸水体中的生物地球化学过程具有决定性作用（Buddemeier，1996）。对于不规则的非平直岸线，地表径流的入海流路正交于海岸演变的平均趋势线（Bartley et al.，2001）。由于海岸形态的复杂性，在沿岸方向上入海陆源物质量，以及与海洋水体的交互模式各不相同，决定了岸线变化的行为也存在着空间差异，而这些都与海岸地形密切相关。

假设潮滩地形表面可以用二元函数 $Z = f(x, y)$ 来近似，并且 $f(x, y)$ 在研究区域 D 内可微，则表面任一点 $P(x, y) \in D$ 的梯度可表示为

$$\mathrm{grad} f(x, y) = \frac{\partial f(x, y)}{\partial x} i + \frac{\partial f(x, y)}{\partial y} j \qquad (3-1)$$

梯度方向为 $f(x, y)$ 在 P 点变化速率最快的方向，是各种自然力的合成矢量方向，也是陆源物质流自然选择的向海输运方向。因此，海岸的冲淤演变方向将与梯度方向一致。沿着梯度方向构造断面，可以真实地表达岸线的运动模式。为区别于现有的断面方法，我们称这样的断面为基于地形梯度的正交断面。

在构造正交断面之前,首先需要按照 3.4.1 中所述的方法生成基线。然后,为了更为精确地构造断面,我们在有限时间点的历史岸线(包括基线)之间插值生成一系列插值岸线。插值岸线的具体生成算法如下:

1) 由于历史岸线存在相交的情况,为了便于后续处理,首先需要对原始岸线进行重构,并在重构岸线的基础上插值,步骤如下(图 3 - 4):

① 获取所有岸线间的交点,并以交点为界将相交的岸线打断成一系列岸线段,交点为公共点;

② 按照从基线向岸线的方向,依次将打断后的岸线段重新连接为彼此不相交仅存在公共点的线要素;

③ 按照基线向岸线的方向,依次对空间上相邻的两条线要素操作。从相邻两条线要素的起点出发,以公共点为界,从起点到第一个公共点为第一段、从第一个公共点到第二个公共点为第二段、……、直到终点。若无公共点则只有起点到终点一段。把每一段对应的两条线段等分为相同的份数,依次对应,将端点分别相连构成直线段,并对直线段等分得到多个中间点。将每条直线段上序号相同的中间点相连即得到对应的插值岸线;

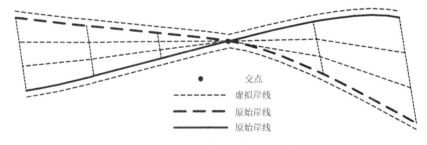

图 3 - 4　岸线重构和插值方法示意图

按照上述步骤,得到的插值结果如图 3 - 5 所示。

现实世界中,两条岸线之间的演变过程并不是均一的,甚至很可能存在往复运动,在较长的时间间隔内尤其如此。但岸线插值为生成更精确的正交断面提供了保障,同时值得强调的是,岸线插值并不是对岸线真实运动过程的估计,而是以较为直观的形式表达了岸线的平均演变趋势,而且在较短的时间间隔内也能反映实际的岸线变化情况。

为便于描述,将所有的插值岸线,连同基线、重构历史岸线得到的线要素一起称为虚拟岸线。

2) 在虚拟岸线的基础上,创建正交断面。操作顺序从第一条虚拟岸线(即基线)出发,按距离基线由近及远的顺序依次为第二条虚拟岸线、第三条虚

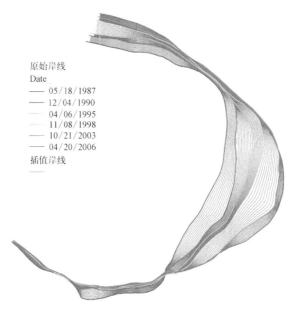

原始岸线
Date
—— 05/18/1987
—— 12/04/1990
—— 04/06/1995
—— 11/08/1998
—— 10/21/2003
—— 04/20/2006
插值岸线

图 3-5　崇明东滩的岸线插值结果(后附彩图)

拟岸线,直到最后一条虚拟岸线。步骤如下(图 3-6):

① 在第一条虚拟岸线上选择一个点记为 P_1,P_1 所在的直线段记为 L_1,在第二条虚拟岸线上与 L_1 相邻的直线段记为 L_2,L_1 与 L_2 的交点或者延长线的交点记为 O,以 O 为圆心,线段 $\overline{OP_1}$ 为半径构造一个圆,圆与 L_2 的交点记为 P_2,L_1 与 L_2 之间所夹的圆弧记为 $\overset{\frown}{P_1P_2}$;

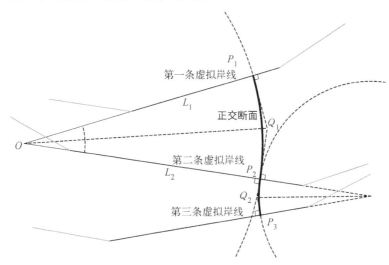

图 3-6　正交断面构造方法示意图

② 从 P_2 出发,在第二条和第三条虚拟岸线之间按照步骤①同样的方法构造圆弧 $\overset{\frown}{P_2 P_3}$,依此类推直到最后一条虚拟岸线,分别构造圆弧 $\overset{\frown}{P_3 P_4}$、$\overset{\frown}{P_4 P_5}$、…、$\overset{\frown}{P_{m-1} P_m}$;

③ 连接圆弧 $\overset{\frown}{P_1 P_2}$、$\overset{\frown}{P_3 P_4}$、$\overset{\frown}{P_4 P_5}$、…、$\overset{\frown}{P_{m-1} P_m}$,即构成一条正交断面。

3) 从基线的起点出发,沿基线以合适的间距重复步骤 2)即可以完成所有正交断面的构造。

具体生成的插值岸线及正交断面如图 3-7 所示。

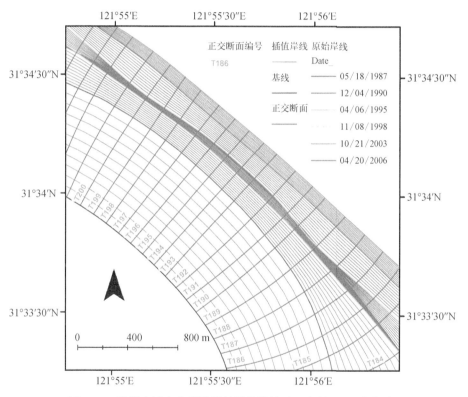

图 3-7 崇明东滩东北部岸段的插值岸线及正交断面(后附彩图)

3.4.3 岸线变化率的计算模型

在 GIS 技术的支持下,沿每一条断面量测各条岸线到基线的距离,进而计算岸线变化速率。主要采用基于统计学的方法。这类方法认为,由于岸线的所有几何变化都是冲淤现象的最终结果,因此通过建模岸线的变化来研究内在的海岸演变过程是合理的(Srivastava et al.,2005)。Genz 等(2007)对不同的计算方法,包括端点法(End Point,EP)、速率平均法(Average Of Rates, AOR)、最小描述长度法(Minimum Description Length,MDL)、Jackknife(JK) 方法、普通最小二乘法(Ordinary Least Squares,OLS)、重加权最小二乘法 (Reweighted Least Squares,RLS)、加 权 最 小 二 乘 法(Weighted Least Squares,WLS)、最小一乘法(Least Absolute Deviation,LAD)、加权最小一乘 法(Weighted Least Absolute Deviation,WLAD)等,进行了较为系统的比较研 究。而 DSAS 软件(Thieler et al.,2009)所采用的方法主要有端点法、线性回 归方法(Linear Regression,LR)、加 权 线 性 回 归 方 法(Weighted Linear Regression,WLR)和最小中位数平方法(Least Median of Squares,LMS)四 种。这些方法各有优缺点和适用性,如 Jackknife 方法对于高量级(10n)的数 据才能显示出最佳效果;对于离群点,OLS 方法非常敏感,而 LMS 方法却不受 影响;大量中间值会对 LMS 方法产生重要影响,而 OLS 方法却是有效的;等 等。而对于通常只有 10 条左右岸线数据的统计而言,各种方法的差异性很难 显现。因此,此处只对其中三个最常用的方法进行简要介绍,包括端点法、线 性回归法和加权线性回归方法。

(1)端点法

时间跨度最大的两条岸线的距离除以对应的时间间隔,就得到相应的岸 线变化率 EPR(End Point Rate),可用下面的式子表示

$$EPR = \frac{y_2 - y_1}{t_2 - t_1} \qquad (3-2)$$

其中,y_2,y_1 分别为时间 t_2,t_1 的岸线位置,沿断面量算。端点法的主要优点是 只需要两条岸线数据,易于计算和使用。同时,这也正是其缺陷所在,当多于 两条岸线存在的时候,中间时刻的岸线数据将被忽略,从而失去了许多重要的 有关岸线演变的趋势、周期性等方面的信息。而且,如果所采用的两条岸线数 据存在较大误差的话,得到的 EPR 将非常不准确。为此,人们常采用 EPR 方 法的一些改进版本,AOR 方法就是其中之一。

(2)线性回归方法

线性回顾方法利用最小二乘法拟合一条所有数据的最佳趋势线。其斜率 即求得的岸线变化率。这种方法使用了所有的岸线数据,也便于使用,许多分 析软件如 Excel、SPSS、Matlab 等都有现成的功能函数。但其缺点是(Dolan et al. ,1991),对于离群点非常敏感,而且与其他方法(如端点法)相比往往会低估岸线变化率的结果。线性回归的好坏可以通过估计标准差、斜率标准差以及决定系数 r^2 来评价。Jackknife 方法是线性回归方法的一种改进版本,它在每次回归分析时都略去一个数据,然后将所有分析结果的平均值作为最后的计算结果。

(3) 加权线性回归方法

加权线性回归考虑到数据精度的影响,对更可靠的数据给予更高的权重。权重 w 被定义为岸线位置方差的函数,通常用下式计算(Genz et al. ,2007),

$$w = \frac{1}{\sigma^2} \qquad\qquad (3-3)$$

其中,σ^2 表示岸线位置量测值的方差。当所有年份的岸线数据精度相同的时候,加权线性回归与一般的线性回归方法等同。与线性回归类似,加权线性回归的结果也可以通过估计标准差、斜率标准差以及决定系数 r^2 来评价。

3.4.4　基于 DSAS 的岸线变化分析

DSAS(Digital Shoreline Analysis System,数字岸线分析系统)是美国地质调查局(USGS)开发的用于数字岸线变化专题分析的 ArcGIS 扩展模块,目前版本为 4.3.4730(图 3 - 8)。

图 3 - 8　DSAS 工具条

利用 DSAS 工具计算岸线变化率包括如下步骤:

(1) 数据准备

确保所有相关的数据满足以下要求:
① 所有数据必须具有投影坐标系,单位为 m;
② 基线要素类(以 Geodatabase 数据库为例)的"ID"字段的值必须大于 0(图 3 - 9);

OBJECTID *	SHAPE *	ID	Group_	OFFShore	CastDir	SHAPE_
1	Polyline	1	1	0	0	13:

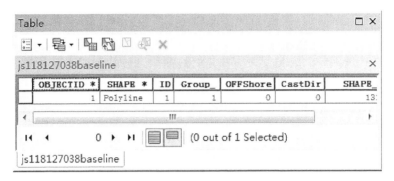

图 3-9　基线属性表

③ 岸线要素类(以 Geodatabase 数据库为例)至少应有两个时间点的岸线(图 3-10);

OBJECTID *	SHAPE *	Uncertainty	Date_	SHAPE_Leng
1	Polyline	30	02/13/1974	151403.
2	Polyline	30	06/12/1977	158330.2
3	Polyline	30	12/24/1981	153961.
4	Polyline	15	05/18/1987	155959.9
5	Polyline	15	06/03/1993	162986.8
6	Polyline	15	11/03/1999	164219.9
7	Polyline	15	10/29/2003	166808.5
8	Polyline	15	07/06/2008	192623.9
9	Polyline	15	09/19/2012	205096.2

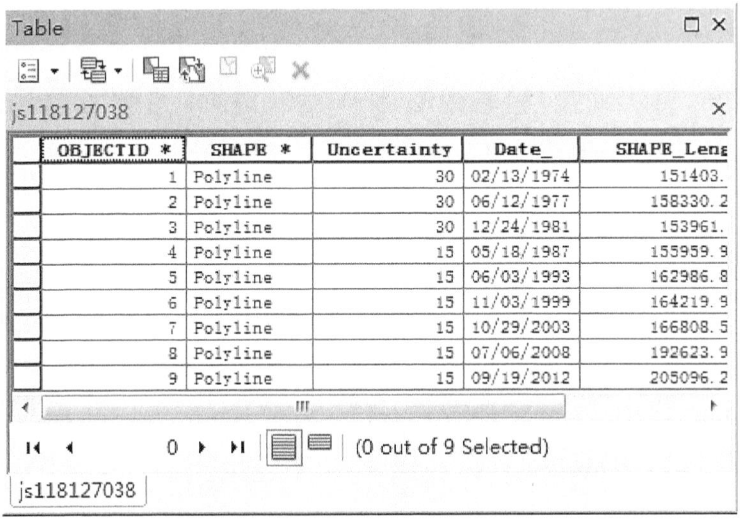

图 3-10　岸线属性表

④ 岸线属性表必须包含一个“Date_”字段和一个“Uncertainty”字段。

(2) 参数设置

参数设置对话框包括三个选项卡,分别对应基线和断面参数、岸线参数、元数据参数(图 3-11)。

(3) 计算断面

需要设置断面的存储位置、断面名称及断面生成方式等(图 3-12)。

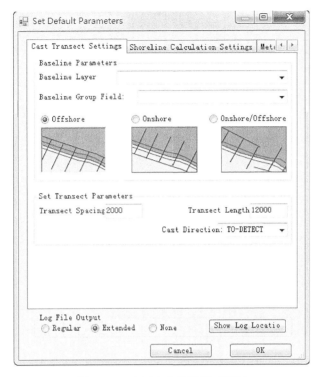

图 3-11　DSAS 参数设置对话框

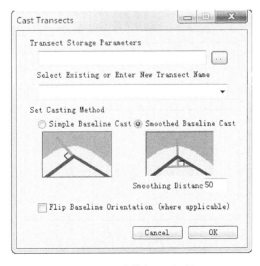

图 3-12　计算断面对话框

（4）修改断面

如果所生成的断面部分不能够满足要求，可以在 ArcGIS 环境中加以修改。

（5）计算岸线变化统计量

包括 6 种统计方法：SCE 为岸线变化范围，即每一条断面上最近岸线与最远岸线之间的距离，与时间无关；NSM 为岸线净移动距离，即每一条断面上最近和最远时间点上两条岸线之间的距离，与时间相关；剩下的是 4 种计算岸线变化率的方法，依次为端点法、线性回归方法、加权线性回归方法和最小平方中位数法。其他的参数还包括用来计算岸线变化率的最小岸线数目和置信区间（图 3 - 13）。

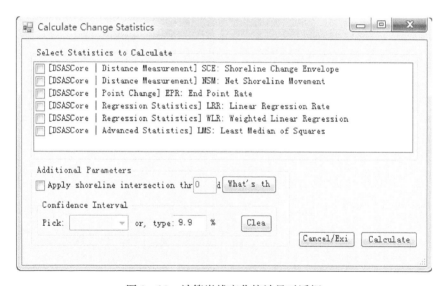

图 3 - 13　计算岸线变化统计量对话框

3.5　不确定性分析

从数据处理到计算得到岸线变化率，整个过程中会引入各种不确定性。总的来看，有 5 个方面的误差将对最终的岸线变化率计算结果精度造成影响，包括季节误差（记为 E_s）、几何校正误差（记为 E_g）、地形校正误差（记为 E_t）、配准误差（记为 E_r）、数字化误差（记为 E_d）。

　　季节误差是不同季节对所选岸线指标的不同影响而产生的误差。例如，当以大堤作为岸线指标的情况下，不同季节中大堤附近不同的植被长势自然会对解译大堤的准确位置带来不同的影响。理论上冬季的影像植被最少，植被的生长状况对判读大堤实际位置的影响也最小。而如果以植被线作为岸线指标，为了避免更大的季节误差则要选择夏季的影像数据。

　　几何校正误差和地形校正误差为影像在相应的预处理过程中产生的误差。对于一些数据可以在元数据文件中查找得到，如 Landsat 影像元数据文件中两个误差对应的字段分别为"Geometric RMSE Model"和"Geometric RMSE Verify"，前者以 m 为单位，后者以像元为单位。

　　配准误差是在使用多时相影像时，对于那些空间位置不能够很好匹配的数据进行图像配准产生的误差。因此，E_r 的值为配准过程中实际产生的总体误差。

　　数字化误差是提取矢量岸线的过程中产生的误差。为消除不同数字化工作人员所引入误差的差异性，本研究所有用到的影像的数字化工作都由一个人来完成。E_d 的理论值是多位专业数字化工作人员重复数字化结果误差的标准差。E_d 的值需针对不同空间分辨率的数据分别计算。

　　以上误差都是不相关的，因此能够用一个单一的量度来表达总体的位置不确定性（U_t）。

$$U_t = \pm\sqrt{E_s^2 + E_g^2 + E_t^2 + E_r^2 + E_d^2} \qquad (3-4)$$

　　使用加权线性回归方法（WLS）计算岸线变化率时，5 种误差能够被传播到最后的岸线变化率计算结果。最终岸线变化率的不确定性将包含每一条岸线的不确定性和岸线变化率计算模型的不确定性。

3.6　本章小结

　　本章从岸线及岸线指标的定义、数字岸线的获取、断面方法、岸线变化率计算模型、基于 DSAS 插件的岸线变化分析及不确定性分析等方面系统介绍了基于 GIS 的岸线变化分析方法，并就非平直岸线提出了基于地形梯度的正交断面法，该方法可以更加真实详尽地表达岸线的演变规律。

第四章　岸线变化及其对流域来沙减少的响应——以崇明东滩为例

4.1　引　　言

岸线位置(shoreline position)被国际地质科学联合会(IUGS)指定为 27 个全球性地质指标(geoindicator)之一(Berger et al.,1996)。岸线区域也是人类生产、生活和休闲娱乐的聚集地,世界上许多岸线都面临着经济发展和生态保护的双重挑战,发展中国家尤其如此。因此,岸线变化研究对于海岸带环境规划和灾害管理具有重要意义(Addo,2013)。

过去的一个世纪,河流入海泥沙的减少已经成为全球性问题,如尼罗河(Stanley et al.,1993)、科罗拉多河(Carriquiry et al.,2001)、埃布罗河(Batalla et al.,2004)、密西西比河(Blum et al.,2009)以及我国的黄河(Wang et al.,2010)、珠江(Zhang et al.,2008)、滦河(钱春林,1994)等都出现了入海泥沙减少的现象,并引起了河口三角洲不同程度的侵蚀。长江入海泥沙的减少始于20 世纪 60 年代(图 2-2),这一变化导致长江河口三角洲淤涨速率明显减缓,并已观测到河口湿地的退化(Yang et al.,2007)。作为输沙量居世界第四位的大河,长江入海泥沙的减少引起了国内外学术界的普遍关注。

目前,在流域来沙减少对长江三角洲发育的影响上仍存分歧。Yang 等(2007)研究发现,2003 年以来三角洲前缘的潮间带湿地已观测到退化迹象;2007 以后侵蚀主要发生在 5～8 m 水深范围(Zhang et al.,2011)。Syvitski 等(2009)认为,长江三角洲的淤积已趋于停滞。庞仁松等(2011)利用同位素测年分析认为,长江河口泥质区沉积速率减小,且表层已遭受侵蚀。Gao 等(2011)对钻孔数据的分析表明,2006 年以后沉积中心的多个站位已进入冲刷状态,这意味着长江口水下三角洲的全面蚀退。Chen 等(2010)认为,在长江中游新的河道平衡系统被建立之前长江河口三角洲净侵蚀将不会出现。而Fan 等(2011)则提供了沉积中心连续淤涨的证据,但淤涨速率已降低。刘红等(2011)研究发现,由于口外泥质区"泥库"效应的影响,长江口水下三角洲前缘潮滩仍处于缓慢淤涨状态。可见,已有的研究仍未就长江口水下三角洲的冲淤状态达成一致的认识,可能原因在于所采用数据、方法的差异性、数据本身的时空不完备性以及三角洲沉积过程的复杂性(Chu et al.,2013)。而河口岸线变化研究则可以作为对水下三角洲研究的补充,从而有助于加强对包括水下和陆上部分整个三角洲的认识(Chu et al.,2006)。

　　岸线变化分析是理解陆上三角洲演变的重要手段。遥感和 GIS 技术的最新进展使得高精度岸线信息的获取和精细时空尺度上的岸线分析成为可能(例如,Al Fugura et al.,2011;Jackson Jr et al.,2012;Liu et al.,2013;Pardo-Pascual et al.,2012;Zhao et al.,2008)。然而,尽管有关技术已经达到相当成熟的水平,但基于遥感和 GIS 技术将岸线变化与河流入海泥沙通量进行定量关联研究的文献仍非常有限。多数研究关注的是岸线提取、岸线变化率的定量计算以及岸线变化原因的定性分析(如 Rahman et al.,2011)。一些研究在较粗的空间尺度上对岸线变化与河口水沙通量间的关系进行了定量分析。例如,Chu 等(2006)和 Yu等(2011)利用 Landsat 遥感影像提取岸线对黄河三角洲的岸线变化与水沙通量直接的定量关系。Chu 等(2013)利用 1974~2010 年的 Landsat 影像数据评估了长江三角洲的岸线变化,通过一个指数关系模型描述了陆上三角洲累计增长面积与累计泥沙通量之间的关系。长江三角洲作为世界上最大的河口三角洲之一,随着长江入海泥沙的进一步减少,其发育规律的研究急需加强。因此,在更精细的时空尺度上评估其岸线系统行为以便更全面地理解整个三角洲的发育就变得尤为必要。

　　基于以下三方面的考虑,本章主要选择崇明东滩作为研究区(图 2-1)。首先,崇明东滩位于长江口的中心位置,直接受海陆交互作用的影响,因此该区域对长江入海泥沙通量的变化可能也最为敏感。其次,崇明东滩拥有长江口最大和发育最为完善的自然淤涨型潮滩,东滩岸线对入海泥沙通量变化的响应对于整个三角洲具有一定的指示意义。同时,该区域大面积的自然淤涨潮滩使基于遥感的研究成为可能。此外,作为国家级自然保护区和上海市重要的后备土地资源,认识其岸线变化的时空模式也是科学的海岸带管理规划的先决条件。因此,本章的主要目的是量化崇明东滩的岸线变化并在不同的时空尺度上探讨岸线变化与长江入海泥沙通量的关系。

4.2　数　据　与　方　法

4.2.1　数据源

　　我们利用 Landsat TM/ETM+影像数据来监测崇明东滩的岸线变化,所有数据都来自 USGS 网站(http：//glovis.usgs.gov/)。在数据选择上主要基于两个条件：① 无云或少云覆盖；② 影像获取时空的潮位低于研究区潮滩植被的外边界。这两个条件使得可利用的遥感影像数据非常有限,最终我们选择 1987～2010 年的 8 景影像作为数据源(表 4 - 1)。

表 4 - 1　使用的遥感影像数据及对应的整点潮位情况

编号	卫星传感器	成 像 时 间	潮位(cm)
1	Landsat - 5 TM	1987 - 05 - 18 09:48:54	131
2	Landsat - 5 TM	1990 - 12 - 04 09:44:11	367
3	Landsat - 5 TM	1995 - 04 - 06 09:34:20	150
4	Landsat - 5 TM	1998 - 11 - 08 10:03:59	218
5	Landsat - 5 TM	2002 - 11 - 11 10:12:00	184
6	Landsat - 5 TM	2006 - 04 - 20 10:16:00	153
7	Landsat - 5 TM	2008 - 04 - 25 10:13:51	198
8	Landsat - 7 ETM+	2010 - 10 - 16 10:17:24	236

利用 ERDAS IMAGINE 9.2 对所选影像数据进行预处理,包括图像增强、去霾和几何纠正。采用 1：50 000 的地形图作为参考,对 8 景影像分别做几何纠正,所有影像的均方根误差(RMSE)均小于 0.5 个像元,双线性插值方法被用来对数据进行重采样。数字岸线的提取采用 3.4.2 节的方法。

4.2.2　岸线解译

进行岸线变化分析之前,首先需要选择岸线指标并进行图像解译获取数字岸线。如 3.2 节所述,岸线指标通常基于可见的特征,如干湿线、平均高水位线、侵蚀陡崖或植被线等,然后利用目视解译方法或者自动算法提取数字岸线。崇明东滩宽广的滩涂上主要生长芦苇、互花米草和海三棱藨草三种植被群落,其生长状况在空间上呈明显的梯度分布(黄华梅等,2007)。其中海三棱藨草是东滩的先锋植被,发育于植被带的最外侧。在生长季节,潮滩植被群落具有独特的光谱特征,易于从光滩上加以识别(高占国等,2006)。冬季时,互花米草变得枯黄,其光谱特征不再显著,但植被的残余物所构成的色调和纹理仍有别于光滩,可以通过目视解译的方法加以识别。因此,可以选择植被带与光滩的分界线即植被线作为岸线指标。为了提高解译精度,利用半自动的方法提取植被线。首先计算 NDVI,然后利用 ArcGIS 的 ArcScan 工具通过阈值法自动提取植被线(见 3.3.2 节)。最后将提取的植被线比照对应的原始影像数据借助目视判读加以修正,确保岸线位置精确。

4.2.3　分析方法

采用正交断面方法（见 3.4.2 节），取 1 000 m 的间隔共生成 34 条正交断面。为了更精确地获取岸线的变化情况，这里我们构造一个改进的端点法（EPR）来计算岸线变化速率。分为两个步骤：首先，沿每条正交断面利用端点法（EPR）计算每两个相邻时刻之间的岸线变化率；然后，在每一条断面上将所有计算结果进行平均，得到最终的平均岸线变化率（图 4-1）。

$$Rate = \sum_{i=1}^{n-1}\left[(y_{i+1}-y_i)/(t_{i+1}-t_i)\right]/(n-1) \qquad (4-1)$$

其中，y_i 是 t_i 时刻第 i 条岸线的位置；n 是总的岸线数目。

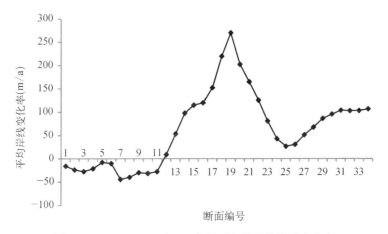

图 4-1　1987～2010 年 34 条断面上的平均岸线变化率

为测试岸线变化率与长江入海泥沙通量之间的关系，我们从东滩整体、岸段和断面三个不同的空间尺度上，利用回归分析方法探寻其相关关系。泥沙通量数据采用对应时段大通站泥沙通量的中点值（最大值和最小值的平均值）。中点值能够反映泥沙通量变化的一般水平，也能够兼顾到极端事件的影响。

4.3　结　　果

4.3.1　岸线变化时空动态

计算结果显示，不同时段的岸线变化率有所波动，但总体上呈下降趋势。最

大平均岸线变化率为+115.5 m/a,出现在 1987~1990 年;最小平均变化率为
+20.4 m/a,出现在 2006~2008 年。分别与 1987~1990 年和 1998~2002 年相
比,在 1990~1995 年和 2006~2008 年岸线率有显著降低。1998~2002 年出现
一个+74.4 m/a 的峰值。2008~2010 年岸线变化率为+53.3 m/a,接近 1990~
1995 年的水平(约+56.7 m/a)。面积变化趋势与岸线变化率趋势接近,从
1987~2010 年净淤涨土地面积 66.0 km²。根据 34 条断面上计算的平均岸线变
化率(图 4-1),可以将东滩分为 3 个岸段(图 4-2):侵蚀岸段(断面 1~断面
11),东侧淤涨岸段(断面 11~断面 25)和北侧淤涨岸段(断面 25~断面 34)。

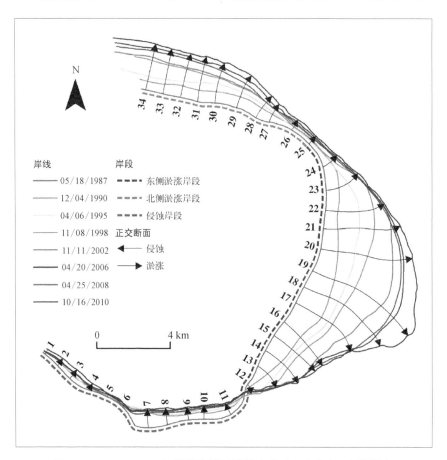

图 4-2　1987~2010 年崇明东滩的岸线变化及三个分段(后附彩图)

　　将整个研究时间范围按 7~8 年的间隔分为 1987~1995 年、1995~2002 年、
2002~2010 年三个时段,可以发现三个时段岸线变化率的显著差异(图 4-3)。
在侵蚀岸段,平均岸线变化率为-23.6 m/a,基本保持不变。东侧淤涨岸段,

除东滩顶端之外其他断面上岸线变化率明显降低。在东滩顶端,1995～2002 年岸线淤涨速率达到最大值,为 290.3 m/a。从第 19 条断面可以发现,1998 年之前东滩主要向东扩展,1998 年之后偏向东南。北侧的淤涨岸段的岸线变化率在 1995～2002 年有所减低,之后又有增加,其平均岸线变化率为＋74.9 m/a。

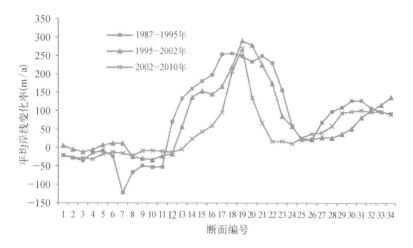

图 4-3　1987～1995 年、1995～2002 年、2002～2010 年三个时段对应的平均岸线变化率

　　历史上南侧岸段的自然演变呈侵蚀状态,但由于持续的围垦活动中一系列大堤的修建,目前该岸段已趋于稳定,仅在 7～11 断面有明显侵蚀现象。在第 7 条断面,侵蚀最为严重,平均侵蚀速率 44.6 m/a,最大侵蚀速率 230.6 m/a,出现在 1987～1990 年。从 1987 至 2006 年,侵蚀岸段的岸线侵蚀速率降低明显,最大侵蚀速率出现在 1987～1990 年,为 80.9 m/a;2002～2006 年出现淤涨趋势,岸线变化率＋4.6 m/a。2006 年之后,侵蚀趋势有所回升,在 2008～2010 年侵蚀速率达到 41.1 m/a。1987～2010 年侵蚀岸段损失土地 6.7 km²,其中仅 1987～1990 年就损失土地 3.7 km²。1987～1990 年,团结沙刚通过筑坝堵泓道工程被并入东滩不久,尚未开展围垦工程,因此侵蚀较为严重。随着 1990 年后围垦大堤的修建,侵蚀趋势得以控制,岸线基本保持稳定。

　　东侧淤涨岸段是东滩扩展最快的部分,1987～2010 年总土地增长面积达 55.9 km²,占整个研究区土地增长总量的 84.7%。但岸线变化在空间上并不一致,从东滩顶端向两侧岸线淤涨速率逐渐减小。最大平均淤涨速率为 270.1 m/a,出现在东滩顶端的 19 号断面;而 25 号断面的平均淤涨速率仅为 26.6 m/a。

随着时间的推移,东滩的形状变得越来越向海凸出。该岸段整体的岸线变化率与东滩总的变化率趋势基本一致。最大平均淤涨速率出现在 1987~1990年,为 250.9 m/a,其次为 1998~2002 年的 172.6 m/a,最小值为 2006~2008年的 21.3 m/a。从 1990~1995 年、1995~1998 年到 2008~2010 年,岸线变化率从+112.9 m/a 轻微降低到 103.3 m/a,但基本处于同一水平。

北侧淤涨岸段的平均岸线变化率由东至西逐渐变大,总体上低于东侧淤涨岸段。该岸段总的土地增长面积为 16.8 km²。在从 1987 年到 2006 年的五个时段内,岸线变化率成周期性波动趋势。最大岸线变化率为+136.8 m/a,出现在 1987~1990 年;最小值为+22.0 m/a,出现在 1998~2002 年;整体上呈降低趋势。2002~2006 年的岸线变化率为+64.8 m/a,与 1987~1990 年相比约减少了 53%。1998 年以来,岸线变化率不断增加,2008~2010 年达到+85.7 m/a,逐渐接近 1995~1998 年的水平(+108.6 m/a)。值得注意的是,从 1990~1995 年到 2006~2008 年四个时间段内,该岸段与东侧淤涨岸段的岸线变化率趋势呈相反趋势(图 4-4)。

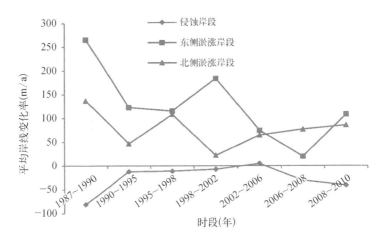

图 4-4　三个岸段在各个时段的平均岸线变化率

4.3.2　与流域来沙的关系

为探讨崇明东滩岸线变化与长江入海泥沙通量之间的相关性,分别计算了平均岸线变化率和净淤涨面积两个量与大通站泥沙通量的关系,可用以下两个公式表示

$$y_1 = 0.217x + 6.154 \ (r^2 = 0.69, \ P = 0.021)$$

$$y_2 = 0.032x + 0.949 \ (r^2 = 0.75, \ P = 0.012)$$

式中，x 是大通站对应时段泥沙通量的中点值（10^6 t/a）；y_1 是东滩总体平均岸线变化率（RSC）；y_2 是总体净淤涨面积（NAA）。

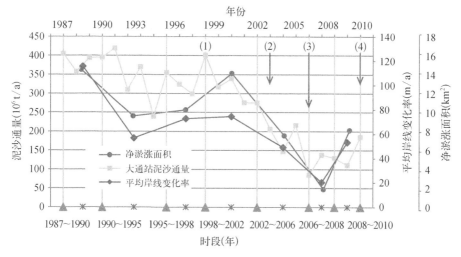

(1) 1998 年大洪水；(2) 2003 年三峡大坝蓄水；(3) 2006 年严重干旱；(4) 2010 年大洪水

图 4-5　1987～2010 年大通站泥沙通量、崇明东滩总体平均
岸线变化率和净淤涨面积变化趋势图（后附彩图）

图 4-5 可以看出，崇明东滩岸线变化与大通站泥沙通量之间关系密切，大通站泥沙通量变化曲线与东滩总体平均岸线变化率和净淤涨土地面积变化曲线形状极为吻合。其相关性显著，相关系数（r^2）分别为 0.69 和 0.75。这意味着，如果当前的水动力条件不发生变化，随着入海泥沙量的持续减少，东滩的向海扩展速度将逐渐降低。然而，当三个岸段分别加以考虑的时候，其相关性有较大的差异。对于东侧淤涨岸段，其相关性最强，相关系数分别为 0.62 和 0.66；其他两个岸段相关性较差，对于北侧淤涨岸段，相关系数分别为 0.02 和 0.19；对于南侧侵蚀岸段，相关系数分别为 0.02 和 0.17。就平均岸线变化率而言，侵蚀岸段所有断面上的相关系数（r^2）都小于 0.30；北侧淤涨岸段上，断面最大相关系数（r^2）也不超过 0.10（图 4-6）。强相关性位于东滩顶端两侧（断面 13～16 和断面 20～23），其相关系数（r^2）都大于 0.47。断面 20～23 上的相关性最强，其相关系数（r^2）都大于 0.49；断面 21 相关系数（r^2）最大，超过 0.78。最强相关的断面方向与东滩 0 米等深线的扩展方向基本一致（图 4-6）。

值得注意的是，东滩顶端淤涨最快的位置，18、19 号断面相关性非常低。

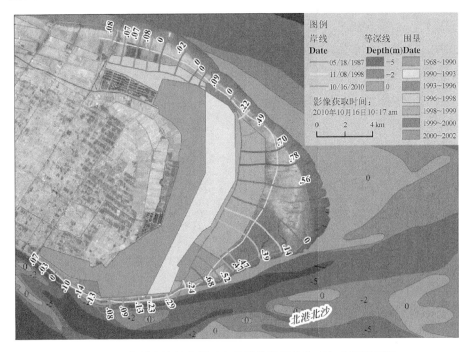

图 4 - 6　崇明东滩每条断面上的平均岸线变化率与大通站泥沙
通量之间相关性的空间分布图(后附彩图)

东滩最顶端 19 号断面近于零相关($r^2 = 0.004\,5$)。另外一些近零相关的断面
包括断面 3、25、27、28 和 30,其相关系数(r^2)都小于 0.003。断面 3 位于南侧
侵蚀岸段,其他四个断面位于北侧淤涨岸段。如图 4 - 7 所示,断面 30 和断面
3 上平均岸线变化率与断面 19 拥有相反的时态模式。

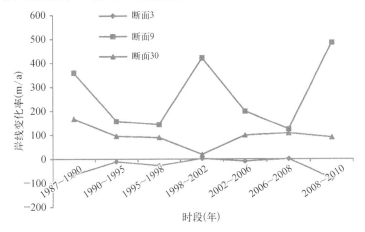

图 4 - 7　断面 3、19、30 上平均岸线变化率

4.3.3　误差分析

在岸线变化建模过程中可能存在的误差主要包括三个方面：① Landsat
影像几何纠正带来的误差；② 岸线提取过程产生的误差；③ 影响岸线变化有
多种因素，如潮滩的季节性冲淤循环、植被涨势的季节变化以及台风、风暴潮
的发生等，这些因素的变化也会产生误差。对于几何纠正过程，可以假设其误
差符合均值为 0，标准差为 ±0.5 个像元（约 15 m，几何纠正需满足的精度）的
正态分布（Rahman et al.，2011）。对于岸线提取过程，可以假设误差小于
15 m，即 0.5 个像元。影响岸线变化因素的变化很可能会带来误差。几乎所
有选用影像的获取时间都位于植被的生长季节，此时植被带与光滩特征差异
极为明显，在很大程度上减少了所提取岸线的位置误差。尽管如此，潮滩植被
长势的季节性差异也会在一定程度上带来误差。在南侧侵蚀岸段，主要植被
类型是芦苇，且植被带宽度较窄，因此在该岸段上误差很可能高于其他两个岸
段。东侧淤涨岸段拥有较宽的海三棱藨草植被带和广阔的光滩，台风、风暴潮
等偶发事件对冲淤会产生有意义的影响，因此将会对植被线的提取带来误差
（Fan et al.，2004）。例如，风暴潮在植被带和光滩交界处产生的侵蚀坑将会使
本来的植被线位置发生偏移。为此，考虑到很多侵蚀坑在 Landsat 影像上的
可识别性，我们采用了半自动化的岸线提取方法来手工修正岸线位置，尽可能
减小位置误差。在北侧淤涨岸段，主要植被类型是高大浓密的互花米草，一年
四季特征都极为明显，因此其岸线位置误差最小。

由于本研究涉及的时间跨度较大，季节性变化及单一风暴潮事件对岸线
变化所产生的影响非常有限，而且能够作为系统误差对待（Anfuso et al.，
2009）。另外，本研究仅涉及岸线的水平位置变化，尽管研究区潮滩高程具有
季节性周期变化的特征（Yang et al.，2001b），其影响将会较小。值得提及的
是，基于遥感和 GIS 的方法能够通过建模岸线变化而涵盖其复杂动力过程的
累计效应，从而极大减少获取水动力参数过程中采样和建模误差（Srivastava
et al.，2005）。可见，遥感数据对于分析陆上三角洲冲淤变化具有很大的优
势，但并不能够为水下三角洲的演变提供直接证据。

4.4　讨　　论

本章利用遥感和 GIS 技术研究了崇明东滩岸线的时空动态及其与流域来
沙变化之间的关系。正交断面法有助于描述非平直岸线真实的运动规律。断

面 19 显示出东滩在 1998 年之前向东扩展,1998 年之后偏向东南,这与何小勤等(2004)和路兵等(2013)的研究结果一致。计算得到的岸线变化率与已有的研究也是一致的。Yang 等(2001a)研究指出,1982～1990 年近东滩顶端剖面上的淤涨速率为＋352 m/a。Gao 等(2006)和 Tian 等(2010)认为东滩岸线变化率在＋150～＋300 m/a 的范围内。Chu 等(2013)利用 1974～2010 年的 Landsat 影像数据推导出东滩东侧的岸线淤涨速率为 220 m/a。

此外,本章也为岸线变化提供了更为详细和深入的研究手段。结果证实了上述假设,即东滩的岸线变化与流域入海泥沙量密切相关。而 Yang 等(2005)利用海图数据研究了长江河口潮间带湿地(崇明东滩、横沙东滩、九段沙、南汇边滩)的冲淤及其与流域来沙的关系,发现仅考虑单一的湿地其关系并不明显,当四个潮间带湿地作为一个整体被考虑的时候,关系才较为显著。

北侧淤涨岸段位于北支口门处。北支自 18 世纪就开始衰退(McManus,2002),其河道的束窄很容易从遥感影像上识别(图 4-8)。基于 Landsat 影像数据研究发现,北支表面积以及分叉口和入海口的宽度,从 1987～2010 年分别减小了 1/3、1/2 和 1/8。北支分叉口与长江主槽的交角在 1915 年为 60°,到 1981 年转成近 90°并持续至今。当前北支分流量仅占 1%,而入潮量却占长江口总入潮量的 25%。随着分叉口的束窄,长江入海径流对北支的影响逐渐减弱,同时潮流作用增强,使得北支已成为明显的涨潮槽,最大潮差达 4 m(孟翊等,2005;陈吉余等,2003)。研究显示,北支口外存在一个悬沙浓度的峰值区,为江苏沿海两个高浓度悬沙区之一(邢飞等,2010)。北支的沉积主要来自涨

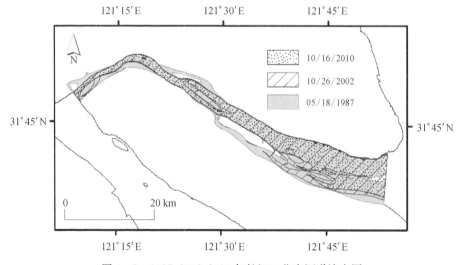

图 4-8　1987、2002、2010 年长江口北支河道演变图

潮泥沙倒灌(Li et al.,2001a;闵凤阳等,2010);而北支口外高浓度的悬沙主要受河口水动力而非河流入海泥沙量的控制(Li et al.,2010)。因此,尽管长江入海泥沙通量自 20 世纪 60 年代就开始减少,但仍有大量的泥沙被涨潮流携带进入北支沉积下来。而且北侧淤涨岸段岸线变化率的时态模式与对应时段的长江入海径流量几乎相反(图 4-9)。这意味着,北侧淤涨岸段的淤涨速率随着长江入海径流量的增加而减小,与通常的情况恰恰相反。其可能的原意是,由于北支属于潮控型河槽,径流量增加会导致相应的入潮量的减少,从而涨潮带入的泥沙量也会减少,导致淤涨速率下降。因此,北侧淤涨岸段淤涨速率与入海泥沙量之间的相关性极低,甚至接近于 0。这也解释了该岸段与东侧淤涨岸段(图 4-4),尤其是断面 30 和断面 19(图 4-7),岸线变化模式几乎相反的原因。

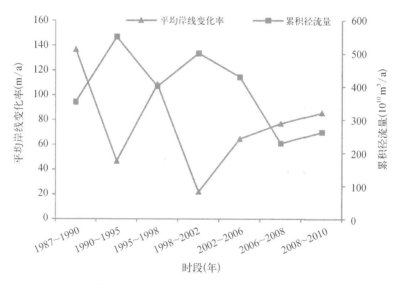

图 4-9　北侧淤涨岸段的平均岸线变化率与对应时段大通站累积水通量

相比之下,东侧淤涨岸段的岸线变化模式极为不同。崇明东滩的潮滩表面沉积物分布具有北侧较细、南侧较粗的特征(Yan et al.,2011)。东侧淤涨岸段位于东滩外凸向海的部分,是涨潮分流、落潮河流的缓流区,流场特征主要为旋转流,利于泥沙沉积(Shi et al.,2012)。尽管入海泥沙量明显减少,但该区域悬沙浓度并未显著降低(刘红等,2012)。基于岸线变化率的计算结果,东滩顶端 19 号断面的岸线变化率并未随入海泥沙量的减少而降低,但其波动趋势基本保持一致。当入海泥沙量处于低谷时,断面 19 的岸线变化率也处于最低值;当入海泥沙量增大时,其岸线变化率也随之升高。这说明一方面流域来沙量是控制其岸线变化的主要因素,同时其他河口过程,如沿岸和离岸泥沙传输、潮流等,也可能对其岸线变化有重要影响。而且与其他断面相比,近东滩顶端的几条断面,特别是19号断面岸线变化率的时态模式显示出更大的波动。例如,1995~1998年到1998~2002年和从2006~2008年到2008~2010年,断面19的岸线变化率分别增加了191.8%和289.5%。巧合的是,1998年和2010年长江流域都发生了大洪水,入海泥沙通量和径流量都达到了相应时段的峰值;2006年的极端干旱也使得入海泥沙通量和径流量达到了极低的水平(图4-5)。据此可以推断,东滩顶端岸线变化对洪水和干旱这类极端事件的响应要比其他岸段更为强烈。因而,东滩顶端的岸线变化与入海泥沙量相关性较小,断面19甚至表现为近0的相关性。

断面15~19所处的东滩东南侧临近北港北沙,相隔一条10 m深槽。该海域潮流方向主要为往复流,平均落潮流速大于涨潮流,不利于泥沙沉积。由于科氏力的作用,涨潮流向北偏转,导致该区海岸冲刷较为严重。当前,其海岸为凹岸,潮滩上有较宽的潮沟发育。从2010年10月16日的Landsat影像上可以发现,最大潮沟的入口宽度超过500 m。大部分潮沟为东南走向,与凹岸基本垂直。这一特征表明,当河流供沙不足的时候,水动力和地貌动力对该区岸线变化将会有较显著的影响。例如,2006年0.85亿t极低的入海泥沙量导致了2006~2008年断面15~17的侵蚀,断面16的侵蚀速率高达84.4 m/a。但值得注意的是,当前与该部分岸段一槽之隔的北港北沙类似于20世纪70年代的团结沙,也因此被称为继团结沙之后的"第二代沙洲"(茅志昌等,2008a)。如果北港北沙像当初的团结沙一样被并入东滩,东滩将开启新一轮的演化。

滩涂围垦对于东滩的淤涨也有一定的促进作用(李九发等,2007)。我们的计算结果也证实了这一点。图4-12显示,各时段总围垦面积越大,对应时段的净淤涨土地面积也越大。一般情况下,淤涨面积要小于总围垦面积,但1995~1998年则相反,其原因可能与1998年大洪水有关。此外,当进行低滩围垦时,围堤外的植被带就会被涨潮流反射潮波所冲刷,从而产生不连续的侵蚀坑,甚至最终转变为光滩。这一现象已被遥感观测和实地调查所证实(何小勤等,2004;路兵等,2013),从2010年10月16日的遥感影像上也可以观察到这一现象(图4-6)。

综上所述,崇明东滩岸线变化主要受流域来沙的控制,但水动力、地貌动力和海岸工程也有重要影响。本质上,岸线淤涨依赖于泥沙供给。一部分泥沙直接来自长江,另外一部分来自河口、临近海岸和口外泥沙通过沿岸/离岸泥沙传输和再悬浮过程而进行的再分配。当河流供给不足以弥补水下三角洲和其他海岸的泥沙侵蚀的时候,岸线就会发生后退(Yang et al.,2005)。从这一角度来讲,河流泥沙供给仍是岸线演变的控制因子。由于三峡大坝、南水北调工程以及即将建设的大坝的影响,未来几十年内入海泥沙很可能进一步减少(Zhang et al.,2011)。但由于长江流域独有的地理、水文及气候特征,流域供沙的长期变化目前还很难预测(Chen et al.,2010)。其他因素如海洋过程、河口海岸工程、地面沉降及海平面上升也会对岸线变化产生影响(Rahman et al.,2011),但单一因素的贡献还难以剥离出来。鉴于此,当前崇明东滩整体的淤涨状态是否会停滞甚至向侵蚀转化以及何时会发生,还难以断定。考虑到崇明东滩的生态地位和社会经济的重要性,以及其在长江河口三角洲中的重要位置,非常有必要对崇明东滩开展持续的岸线变化监测,以深入研究不同因素对其产生的影响。本研究结合前人的工作有助于推动对整个长江三角洲演变更为全面的认识。

4.5　本　章　小　结

　　本章以崇明东滩为研究对象,利用1987~2010 年的 Landsat TM/ETM+影像数据提取数字岸线,并采取正交断面方法建模岸线变化,详细分析了岸线的时空动态。结果显示,在过去 24 年间东滩岸线变化率整体上呈下降趋势,但不同岸段有所差异。北侧淤涨岸段岸线变化的时态模式与东侧淤涨岸段几乎完全相反。计算结果揭示,崇明东滩岸线变化与大通站泥沙通量具有显著相关性,强相关断面位于东滩顶端两侧,其他断面上相关性较低,一部分近于零相关。最强相关断面的方向与 0 m 等深线的扩展方向一致。分析认为,东滩的岸线变化主要受流域供沙的控制,同时水动力、地貌动力和海岸工程对其也有重要影响。

第五章　真实感水下地形的构建与模拟

5.1　引　言

　　海岸带地形数据是进行河口海岸研究的重要基础，包括海岸侵蚀在内的众多研究课题，如海陆交互作用模式、海岸及三角洲发育模式、动力沉积及动力地貌等都离不开海岸带地形数据。但海岸带处于海陆相互作用的敏感地带，其地形变化较陆上地形更为频繁，获取的难度也更大。根据海岸带的定义，其区域范围可以分为陆上部分、水下部分以及潮滩部分。其中陆上部分地形的获取可以采用常规的陆上地形测量方法，不属于本章讨论的重点。本章首先就水下地形和潮滩地形的获取方法分别予以回顾，然后对常规的基于点数据的空间插值方法进行简要介绍，最后重点讨论基于分形布朗运动（fBm）的潮滩及水下地形的模拟。

5.2　地形数据的获取

5.2.1　水下地形数据的获取

　　获取水下地形数据的常规方法有三种：一是利用声学设备进行实地测量；二是通过遥感卫星进行探测；三是通过数字化海图获取。

　　（1）利用声学设备实地测量水下地形

　　声学设备测量水下地形的原理是运用水下地形地物对入射声波反向散射的原理来测得水下地貌形态。目前常用的声学测量设备有侧扫声纳和多波束测深系统。利用多波束进行全覆盖水深测量，可以获得精确的水深数据，并能够根据水深的变化判断障碍物范围和大小以及水下地形的变化。利用侧扫声纳进行扫测，可以获得水下、水体的目标和地形等声图，通过声图判读确定目标的性质、大小、范围和地形的变化（罗深荣，2003）。声学设备的声图质量和测深进度受声速变化、声能扩散衰减、声能吸收、水下混响、时变增益、噪声的影响,同时也受船速的影响。特别是对于广阔的海域而言,测量的周期长、成本高、现势性差的缺点就尤为显著。

(2) 通过遥感卫星探测水下地形

利用卫星上携带的可见光、合成孔径雷达(SAR)等传感器探测水深进而获取水下地形数据是一项较为快捷的探测手段。可见光遥感探测水深的工作原理,主要是基于电磁波对水体的透射作用,水体对电磁波的衰减系数越小,可探测的深度就越深(田庆久等,2007)。根据水的浑浊程度和传感器的不同,可探测的深度从几厘米到数十米不等。SAR 不能够直接获取水深和地形数据,它所获取的是水面的后向散射强度,而浅水区水面的后向散射强度受水下地形的影响,因此 SAR 能够间接地探测浅水区的水下地形数据,而且具有全天候、全天时的特点。但无论是可见光遥感还是 SAR 其不足之处是电磁波在水中的穿透力不够,所以只能用于浅海地形的探测(范开国等,2009)。

(3) 通过数字化海图获取水下地形

海图是地图的一个特殊图种,其主要目的是为了保证舰船航行安全,它描述了航海所需的诸如水深、障碍物、航行控制区、浮标和陆标等重要信息(陈子澎等,2006)。海底地形因受到水动力作用的影响,变化较快,这就对海图的更新频率提出了更高的要求。但由于海图的测绘与陆上地形测绘具有不同的特点,需要投入大量的人力、物力和财力,因此不同时期发布的海图往往仅对部分重点区域的数据进行更新。而且潮滩受涨落潮水间歇性淹没,测量困难,海图上往往缺失这一部分数据。在数字化水深点的时候就需要有选择性地进行,并利用 GIS 技术对不同时期和区域的数据进行整合以保证获取时间的一致性。本研究的大部分水深数据、等深线数据和部分海岸线数据以及航道丁坝等数据就是通过数字化海图获得的。

5.2.2 潮滩地形数据的获取

潮滩指的是随潮水涨落而周期性出露和淹没于水下的潮间滩地。长江三角洲是我国淤泥质潮滩的主要分布区域之一。淤泥质潮滩泥质松软,受潮水冲刷和泥沙供给的影响地形变化极为频繁,常规的地形测量往往难以精确实施。而潮滩作为海陆相互作用的交汇地带,其特性在很大程度上表征了所在海岸带的性质(任明达等,1990)。对潮滩做深入地调查研究对于理解海岸动力过程和滩涂资源的保护利用都具有重要意义。

遥感技术的发展为海岸带资源和环境信息的获取提供了有效手段。它具有同步获取观测范围广、速度快、成本低、信息量大、更新周期短、可比性强等突出优势。在利用空间遥感技术反演潮滩地形方面,国内外的研究者已经开展了大量的研究工作:Chen 等(1998a)利用多时相的卫星影像监测潮滩水边线的变化,并用 SPOT 数据构建了台湾沿岸的潮滩 DEM,估算了海岸线的侵蚀情况;Mason 等(2001)假设水边线是一条等高程线,通过叠加不同潮汐条件的水边线来生成潮滩数字高程模型;韩震(2004)利用多时相相近潮位的遥感影像对长江口主要潮滩的高程及冲淤变化情况进行了遥感反演;沈芳等(2008)用多时相遥感影像提取潮滩水边线,结合卫星过境瞬时时刻的潮位,反演了淤泥质潮滩地形;郑宗生等(2008)利用不同潮情的 TM 影像提取水边线信息,同时结合水动力模型进行潮位模拟,赋予同一水边线不同的潮位信息,进而生成潮滩数字高程模型;Ryu 等(2008)以韩国西南海岸 Gomso 湾潮滩为例,利用 ASTER 影像和 Landsat TM 影像,分析了不同环境条件下潮滩光谱反射率对水边线提取的影响,研究了潮滩地形的变化。

本章参考已有的研究成果,采用以下的方法进行潮滩地形的反演:首先从多时相遥感影像中提取水边线,并将水边线离散化为水边点;收集周边潮位站同时刻的潮位数据,内插得到各水边点位置相应的潮位值并赋予水边点;进而结合海图上已有的水深点利用插值方法构建潮滩地形模型。

5.3　水下地形的构建

水下地形的构建有助于了解海岸、滩地与水下地形的冲淤变化情况,也是做进一步深度水下地形数据挖掘的重要基础。但由于水下地形变化频繁,水下地形的测量需要在水上进行动态定位和测深,比陆上作业难度大、花费高,获取某一时刻较大区域内全局的高精度水下地形数据往往是困难的,因而如何利用少量离散的水深点数据构建可视化效果好、精度高、连续的水下地形模型就成为有关研究的一个重要环节。基于点的插值方法通常包括整体插值法(global interpolation)和局部插值法(local interpolation)两种(Wang,2006)。前者包括趋势面法和回归分析法两种;常用的局部插值法包括反距离加权法(inverse distance weighted,IDW)、样条函数插值法(splines)和克里金插值法(Kriging)。由于局部插值方法仅利用未知点周围的若干个样本数据进行估计,因此计算量比整体插值法小,计算效率高。常规的水深点数据插值大多采用局部插值法。

5.3.1　反距离加权法

反距离加权的原理是假设位置点 X_0 处属性值是在局部邻域内中所有数据点的距离加权平均值（邬伦，2001）。权值的大小与待插值点和邻域内已知点之间的距离有关，与距离的 k 次方成反比，公式如下

$$z_p = \frac{\sum\limits_{i=1}^{n} z_i d_{ip}^{-k}}{\sum\limits_{i=1}^{n} d_{ip}^{-k}} \qquad (5-1)$$

其中，Z_p 为待插值点 p 的未知高程值；Z_i 为控制点 i 的高程值；d_{ip} 为待插值点与其邻域内第 i 个控制点之间的距离；n 为邻域内所有控制点的数目；k 为幂次。IDW 方法是有关软件中最常见的插值方法之一，但其结果易受到邻域内点群极值的影响而产生孤立点数据值明显高于周围点的"鸭蛋"现象，可以在插值过程中通过动态修改搜索准则进行一定程度的改进（白世彪等，2002）。

5.3.2　样条函数插值法

样条函数的实质是利用已知点拟合得到一个曲面，使曲面上所有点的曲率最小（Franke，1982）。样条函数由局部趋势函数 $T(x, y)$ 和借以获得最小曲率面的基本函数 $R(r)$ 两部分构成，$T(x, y)$ 和 $R(r)$ 视样条函数的类型不同而有不同的定义（张靖，2008）。其基本方程可表示为（ESRI，2009）：

$$z(x, y) = T(x, y) + \sum_{i=1}^{n} \lambda_i R(r_i) \qquad (5-2)$$

式中，n 是邻域内已知点的个数；λ_i 为线性方程式解的系数；r_i 是第 i 个点到待估点 (x, y) 的距离。为了计算的目的，整个输出栅格空间需要被分成大小相同的"块"（block）或区域。在实践中需解决样条块的定义以及如何在三维空间中将这些"块"拼接成复杂的曲面并保证"块"间的连续性等问题。此外，样条函数在数据点较少的区域容易出现曲率变大的现象，可通过规则样条（regularized splines）和张力样条（splines with tension）的方法加以改进。样条函数插值每次只有少数的点参与拟合，故插值速度快。与反距离加权法相比，保留了局部的变化特征，但是其内插的误差不能直接估计。

5.3.3　克里金法

克里金法又称空间自协方差最佳插值法，它首先考虑空间属性在空间位

置上的变异分布,确定对每一待插值点有影响的距离范围,然后用此范围内的采样点来估计待插点的属性值(白世彪等,2002)。就地形插值而言,克里金法提供了一种最佳线性无偏估计,它是考虑了地形的形状、大小与原始样本点相互之间的空间位置等集合特征和空间结构之后,为达到线性、无偏和最小方差的估计,而对每一待插样本点通过估计给定距离的半方差函数来计算其空间权重值,最后进行加权平均来估计地形的方法。克里金方程有多种形式,包括普通型、泛型、对数型、析取型、随机型等,其应用范围也不一而同(张靖,2008)。也有研究者将克里金插值法分为常规克里金插值(克里金点模型)和块克里金插值两种类型(白世彪等,2002)。常规克里金模型的内插,与原始样本的容量有关,当样本少的情况下,采用简单的常规克里金插值结果会出现明显的凹凸现象。块克里金插值通过修改克里金方程估计子块内的平均值来克服这一缺点。

5.4　分形布朗运动

上面介绍了几种插值方法,各有其特色,但是大多采用的模型是基于光滑性约束条件,引进了过多的光滑和近似,很大程度上掩盖了地形数据的复杂性和不规则性,难以表达地形的实际形态。分形作为描述自然界极不规则和极复杂现象的数学工具,目前已被引入到地形插值的研究中。分形是一种标度不变性,是系统的部分以某种方式与其整体相似的特性。利用这种特性可以从大尺度的数据插值得到小尺度的信息。地形表面分形插值利用自然地形具有的随机抖动和自相似的特点,通过已知的三维表面数据获得地形表面的分形特征,再利用这些分形特征在插值过程中对地形表面做原地貌特征的恢复(肖高逾等,2000)。插值出来的地形能较好地反映地形地貌的复杂性和不规则性。基于这些优点,分形技术已经成为地形地貌研究中的一种重要方法。

目前分形技术在地形研究中的应用主要集中在两个方面:一是对分形插值算法的研究,不断提出和改进算法以适合不同地形地貌的模拟(曹云刚,2007;梁俊等,2005);二是将分形技术应用到不同地形地貌的模拟和分类上,如已经出现的对黄土高原、塌陷地区和山脉地形的模拟(栾元重等,2006;秦忠宝等,2004;纪翠玲等,2005)。而将分形方法应用于水下地形模拟的研究还比较少见,以下将着重讨论利用分形布朗运动进行水下地形模拟的方法。

布朗运动是1827年由植物学家罗伯特·布朗观察到并以其名字命名的一种随机运动现象,指的是悬浮微粒不停地做无规则运动的现象。而分形布朗运动是布朗运动结合分形理论的一种推广。它是定义在某概率空间上的一个随机

过程 $X(t)$，具有统计自相似性，对于任意自变量，该过程的增量具有高斯分布，而且其方差和自变量之差的 2H 次幂成正比。将分形布朗运动中的时间变量 t 用地形表面点的坐标 (x, y) 代替，就得到了分形布朗场，且满足如下条件：

① 以概率1，$Z(x, y)$ 为 (x, y) 的连续函数，且 $Z(0, 0) = 0$；

② 对任意 $(x, y) \in R^2$，$Z(x+\Delta x, y+\Delta y) - Z(x, y) \sim N(0, (\Delta x^2 + \Delta y^2)^H)$。

其中，$Z(x, y)$ 为地形表面坐标点 (x, y) 处的高程，我们称 $((x, y)$，$Z(x, y)): (x, y) \in R^2)$ 为指数为 H($0<H<1$) 的分形布朗场。H 为自相似参数，对应的地形分形维数 D＝3－H。D 越大，地形表面越粗糙，越不规则。虽然分形维数能描述地形表面的破碎程度，但不能反映地形表面的起伏程度，而地形高程均方差 σ 可以作为地形表面起伏程度的定量指标（李旭涛等，2003）。因此综合 D 和 σ 能够反映区域地形的真实特征。根据分形布朗场的随机统计特性，有下式

$$E[\mid Z(x+\Delta x, y+\Delta y) - Z(x, y) \mid] \mid \Delta d \mid^{-H} = C \qquad (5-3)$$

C 为随机变量的均值 Δd 的均值，$C = \dfrac{2}{\sqrt{2\pi}}\sigma$，$\Delta d = \sqrt{\Delta x^2 + \Delta y^2}$，对等式两边

求对数得

$$\log E[\mid Z(x+\Delta x, y+\Delta y) - Z(x, y) \mid] = H\log \mid \Delta d \mid + \log C$$

$$(5-4)$$

公式(5.4)是一个直线方程，通过对 Δd 取不同的值，采用最小二乘法可求得进行地形分形布朗运动模拟的重要参数 H 和 σ。

5.5　基于分形布朗运动的地形模拟——以九段沙为例

5.5.1　试验区域

九段沙成陆于 20 世纪 50 年代末，位于长江口南槽与北槽之间，是长江口最靠外海和最新隆起的第三代新生沙洲(图 2-1)。其周边水域潮汐性质属于非正规半日浅海潮。多年的实测资料显示，平均潮差九段东为 2.87 m、北槽中为 2.70 m、中浚为 2.65 m、横沙为 2.60 m，最大潮差依次为 4.96 m、4.80 m、4.62 m、4.60 m。受径流、潮汐和风浪的影响，在九段沙附近海域形成了一个交汇缓流区，大量的泥沙在此沉积，尽管有局部的冲淤变化，但整体形态逐渐

趋于稳定,面积不断增加。0 m线以上面积由形成之初至今已增长了4倍左右。1997年为配合浦东国际机场选址东移与建设,实施了"九段沙种青促淤引鸟生态工程",在一定程度上起到了稳沙固滩的效果。1997年底国务院批准了"长江口深水航道治理工程"的"南港北槽"治理方案。江亚南沙顶端深水航道鱼嘴工程和九段沙北缘南导堤的修建,使得九段沙局部水动力条件发生变化,从而改变了九段沙长期以来的自然冲淤模式,江亚南沙以及九段沙上、中下沙之间的潮汐通道都呈现了淤高合拢的趋势,九段沙的形态进一步趋于稳定。近几十年来入海泥沙量持续减少也使九段沙的演变模式有所改变。因此,本章以九段沙为例讨论九段沙及其邻近海域地形的模拟,对于进一步研究九段沙的发育模式具有重要意义。

本章通过数字化2008年比例尺为1∶10 000的海图,得到九段沙附近水下地形的水深数据,采用2008年的两幅TM影像以及2008年的两幅中巴资源卫星(CBERS)影像数据来提取潮滩的水边线,反演九段沙潮滩高程。

5.5.2　水边线的提取

考虑到九段沙淤涨速度很快,本章采用同一年四景不同时相的遥感影像来提取水边线(表5-1),时间最远间隔9个月,可以忽略其冲淤变化量。另外选择不同潮情的影像用来提取水平距离跨度大的水边线,有利于潮滩高程的反演。水边线提取的关键是选择合适的波段。国内外学者对用于水边线提取的TM影像的最佳波段的选择做了很多研究。Frazier等(2000)指出对TM影像5波段采用简单密度分割法可以检测到清晰的水陆界线。Ryu等(2002)对比了现场水边线追踪与同步卫星水边线提取的结果,认为不同潮情下远红外波段能有效提取水边线。沈芳等(2008)则认为TM影像6波段空间分辨率过低,影响水边线的提取精度,提出TM影像3波段也可有效地提取水边线。郑宗生等(2007)通过统计水体和潮滩样本的光谱值发现,影像不同的波段在不同潮情条件下对水体和潮情的敏感性存在差异。

表5-1　所选遥感影像数据的基本信息

编　　号	卫星传感器	成 像 时 间
1	Landsat TM	2008 - 3 - 24
2	Landsat TM	2008 - 4 - 25
3	CBERS CCD	2008 - 6 - 03
4	CBERS CCD	2008 - 12 - 02

基于前人的研究,本章在提取水边线的时候重点考虑了不同潮情对水边线的影响,采用影像不同的波段提取水边线信息。在提取水边线时首先根据卫星影像成像时刻的潮情特征,目视解译出水边线的大致位置,然后根据不同波段反映的水边线位置,确定最优波段进行水边线的计算机自动提取。

精确起见,我们将同一条水边线看作非等高程的线,即同一条水边线上各点的高程都不相同。为此,首先需要将水边线离散化为水边点,根据附近的 5 个潮位站(余山、横沙、北槽东、中浚、九段东)的瞬时潮位使用样条插值得到每个水边点的高程,为进一步的潮滩地形模拟做准备。图 5-1 为提取的水边线及其离散化后的水边点。

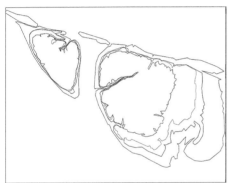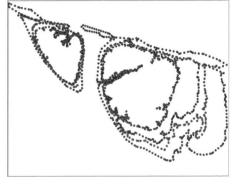

图 5-1　由遥感影像提取的水边线(左)及离散后的水边点(右)(后附彩图)

5.5.3　地形分形特征参数的估计

实际地形的统计自相似性是在一定范围内即无标度区内保持的,因此需要确定研究对象的无标度区,才能运用 fBm 模型去描述,估计得到的 H 参数才符合实际情况(李旭涛等,2003)。而只有当公式(5-4)拟合的线性特性越好时,数据对象的分形特性才越强,因此可以通过选取直线性最佳的部分作为地形数据的无标度区域。在 Matlab 编程环境下,以 $\Delta d = f, 2f, 3f, \cdots$($f$ 为地形的分辨率),对整个地形进行回归,根据回归曲线的特点,选择直线性最佳的部分 $[\Delta d_{\min}, \Delta d_{\max}]$ 作为地形的无标度区,一般 $\Delta d_{\min}$ 对应于初始地形数据的分辨率,$\Delta d_{\max}$ 根据实际情况选择。窗口太小就无法包括足够的样本来估计期望值,平均值计算只有在基于大量样本的情况下才具有统计意义。但另一方面,$\Delta d_{\max}$ 过大,H 和 σ 就很难有局部的意义,计算起来相当费时。因此选择尽可能大的、直线线性特性越好的区域。

　　本研究中,首先将潮滩高程数据和海图水深点数据格网化分辨率为 300 m 的格网数据,通过对整个数据的回归分析(图 5 - 2(b)),选择 $\Delta d_{\min} = f$, $\Delta d_{\max} = 12\Delta d_{\min}$ 作为无标度区的界限,在无标度区内计算得到九段沙潮滩的自相似参数为 H=0.580 7,均方差 $\sigma = 0.040$ 9。

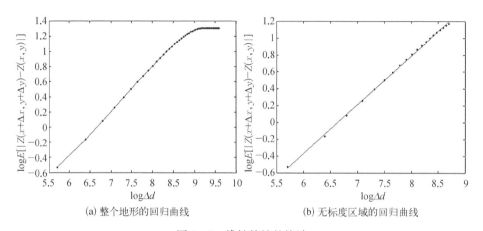

(a) 整个地形的回归曲线　　　　　(b) 无标度区域的回归曲线

图 5 - 2　　线性特性的统计

5.5.4　基于分形布朗运动的插值方法

　　这里我们采用随机中点位移法对已准备好的地形数据进行插值。随机中点位移法是对 fBm 模型的直接应用,也是一个最简单和经典的分形插值算法。其思想是在每一个细分网格的高程线性内插的基础上,增加由自相似参数 H 和均方差 σ 构成的补偿项(曹云刚,2007)。其中补偿项按下式计算:

$$s_k = \left(\frac{d}{2^k}\right)^H \sigma \sqrt{1-2^{2H-2}}\, gauss() \qquad (5-5)$$

式中,d 是格网间距;$gauss() \sim N(0,1)$。

　　图 5 - 3(a)为一格网,四个角点 a、b、c、d 高程值分别为 $Z(a)$、$Z(b)$、$Z(c)$、$Z(d)$。根据随机中点位移法计算每条边中点的高程值。例如,在 ab 边上的中点处的高程值为 $(Z(a)+Z(b))/2+s_k$,其他三条边的高程依此计算。网格中心点的高程值则为 $(Z(a)+Z(b)+Z(c)+Z(d))/4+s_k$,由此一个格网变为四个格网,如图 5 - 3(b)所示。遍历整个地形格网数据,则整个地形分辨率提高一倍。

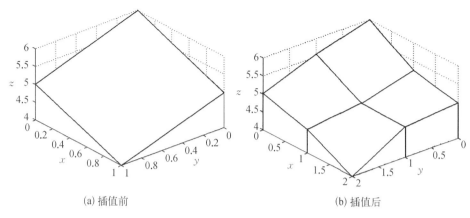

(a) 插值前　　　　　　　　　　　　(b) 插值后

图 5 - 3　随机中点位移插值示意图(纵轴为高程)

5.5.5　结果与讨论

在本研究中对整个地形数据迭代 3 次,插值生成分辨率为 37.5 m 的九段沙地形。图 5 - 4 为插值前后的效果图。

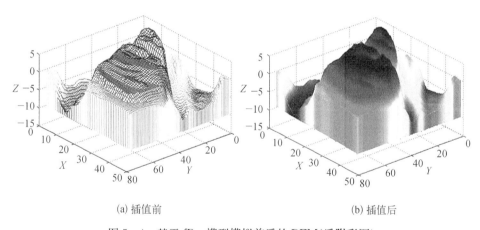

(a) 插值前　　　　　　　　　　　　(b) 插值后

图 5 - 4　基于 fBm 模型模拟前后的 DEM(后附彩图)

下面我们将 fBm 方法与 ArcGIS 软件自带的插值方法进行比较,以说明 fBm 方法的性能。

ArcGIS 软件中常用的局部插值方法包括,反距离加权法、样条法和克里金方法。我们分别将三种方法应用于相同的地形数据进行插值试验,发现样条法的效果最差。其中 Kriging、IDW 插值法以及 fBm 模型得到结果如图 5 - 5 所示。

从视觉效果上看,Kriging 插值方法模拟的地形十分光滑,它考虑了空间

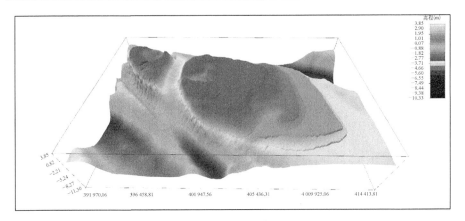

(a) Kriging插值结果

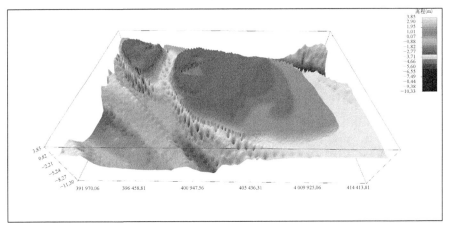

(b) IDW插值结果

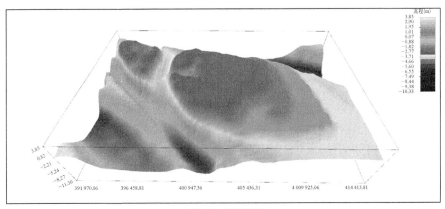

(c) fBm插值结果

图 5-5　三种不同的插值方法值模拟得到的九段沙地形(后附彩图)

属性在空间位置上的变异分布,但仍是对研究对象提供的一种线性无偏估计,反映不出水下地形受水动力条件影响而十分复杂和不规则的特征,而且在各水边线位置出现明显的断层,未能很好地处理数据层之间的过渡。IDW 看似具有不规则的细节,但是它利用邻近点距离倒数进行加权运算,没有考虑到地形在一定范围内的自相似性,而且会在地形表面形成不规则的凹凸现象,缺乏真实性。而 fBm 模型考虑到了邻域信息,兼顾了地形的自相似性和不规则性,弥补了 Kriging 和 IDW 模型的不足,综合了两者的优点。得到的地形不仅真实表现了地形的整体变化趋势,而且也具有丰富的表面细节和粗糙质感,反映了地形的复杂性和不规则性,具有很好的视觉效果。

　　进一步我们利用 2008 年 11 月份的三个横断面上共 17 点的实测数据(见图 5-6)来对模拟的地形进行定量地精度分析。统计结果如表 5-2 所示,运用 Kriging、IDW 和 fBm 方法模拟的结果均方差精度分别为 0.137 m、0.176 m 和 0.155 m。发现 fBm 模拟得到的结果精度比 IDW 模拟结果精度高,比 Kriging 稍低。但是 fBm 模型模拟得到的地形比 Kriging 模拟结果具有更好的可视化效果。综合三种方法的结果可以认为,fBm 模型能够得到较为理想的精度和最好的可视化效果,是一个较为理想的地形模拟模型。此外,fBm 模型还可以在数据获取、数据组织、插值算法的选取等方面进一步完善,以提高最终的地形模拟精度。

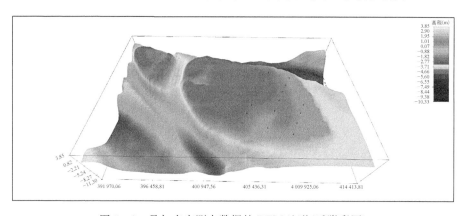

图 5-6　叠加有实测点数据的 DEM 地形(后附彩图)

表 5-2　精度比较

插 值 模 型	方差(m)	均方差(m)
Kriging	0.019	0.137
IDW	0.031	0.176
fBm	0.024	0.155

5.6　本章小结

　　本章首先回顾了水下地形数据的获取、地形模型的构建方法,进而结合遥感反演潮滩地形的方法,着重讨论了基于分形布朗运动模型(fBm)的潮滩及水下地形的模拟方法。结果表明遥感方法反演潮滩地形数据具有独特的优势,可以弥补常规地形测绘的不足。fBm 模型的模拟结果具有精度可靠、视觉效果好、真实感强的特点,适合水下地形的构建。

第六章 基于 GIS 的淤泥质海岸
侵蚀风险评估

6.1 引　言

　　海岸侵蚀在全球各种海岸类型中普遍存在,在当前全球变暖的背景下,海平面上升将不可避免地加剧一些区域的海岸侵蚀现象(Nicholls et al.,2011)。淤泥质海岸广泛分布于世界各地,在大河三角洲附近尤其常见。这些区域往往人口集聚、工农业发达,同时又是海拔较低的区域,特别容易受到海岸侵蚀的影响。然而,已有的研究较多关注沙质海岸和基岩海岸(例如,Carpenter et al.,2014;Del Río et al.,2009;Domínguez et al.,2005;Hackney et al.,2013;Luo et al.,2013;Snoussi et al.,2009;Sterr,2008;Szlafsztein et al.,2007;Torresan et al.,2012;Young et al.,2014),对淤泥质海岸则关注得较少。其主要原因之一是淤泥质海岸的高度动态性和复杂性,以致许多基本过程仍难以很好地被认识(Wang et al.,2002),这也为发展成熟的海岸侵蚀评估方法带来了困难。有证据表明(Nicholls et al.,2008b),越来越多的人类活动,如流域建坝拦沙、地下水开采、过度的滩涂围垦等正在加剧海岸侵蚀的风险。因此,亟需开展淤泥质海岸的风险评估,以了解其风险水平并为科学的海岸带管理提供参考。

　　如前文所述,流域来沙的减少已经导致了长江河口三角洲淤涨速率减缓,部分区域出现了侵蚀加剧的迹象。随着长江供沙可能的持续降低,三角洲的侵蚀面临着进一步恶化的趋势,长江三角洲社会经济的可持续发展受到威胁。而目前对长江三角洲海岸侵蚀风险的认识还不够充分,已有的研究主要关注少数的一些因子,如海平面上升、地面沉降、风暴潮等(Shi et al.,2000;Wang et al.,2012),且主要考虑自然因素,对社会经济因素关注得较少(李恒鹏等,2001b)。作为最广泛使用的海岸带管理工具之一(Tribbia et al.,2008),GIS 能够提供时空数据分析与可视化以及跨学科知识集成功能,符合集成海岸带管理(ICZM)的需求(Tintoré et al.,2009)。本章的主要目的即是针对长江三角洲淤泥质海岸的特征,发展更为完善的基于 GIS 的海岸侵蚀风险评估方法,并作为一般性框架为其他地方的淤泥质海岸侵蚀风险评估提供服务。

6.2　方　　法

风险评估(risk assessment)虽然广泛应用于许多领域,但并没有一个统一的定义(Del Río et al.,2009)。通常一个完整的风险评估包括脆弱性(vulnerability)评估和灾害(hazard)评估两个部分(UN/ISDR,2004)。它们各自依赖于一系列脆弱性因子(vulnerability indicators)和影响因子(impact indicators),最终的风险指标(risk index,简称 RI)作为单一的风险测度由两者共同决定。此处涉及的"脆弱性"、"灾害"和"风险"三个名词,脆弱性指的是承灾体自身条件所容许的对破坏性事件的潜在承受能力,主要由承灾体的自然属性所决定;灾害指破坏性事件对与承灾体所关联的房屋、土地、人口等社会财产的潜在破坏程度,主要由与承灾体所关联的社会属性所决定;而风险则包含脆弱性和灾害两个方面并由其共同构成。基于 GIS 的海岸侵蚀风险评估模型包括四个步骤:① 定义同质单元作为基本评价单元;② 指定评价指标体系;③ 量化评价因子;④ 构建风险指标。这些步骤都将在 GIS 环境中借助其功能,如空间分析、插值、叠加分析、可视化表达等加以实现,而且 GIS 环境也利于多源、跨学科的数据集成和评价方案的更新。下面对各个步骤分别予以描述。

6.2.1　定义同质单元

一个海岸系统由自然子系统和社会经济子系统构成,它们共同决定了海岸系统的高度动态性和多维性(McFadden et al.,2007)。即使邻近的海岸带地区也会因自然和社会经济环境的不同而表现为不同的行为,为了进行更精确的评价分析就需要对海岸进行分类,将其划分为相对同质的分析单元作为基本的评价单元。同质单元的划分是所有后续分析的基础,其定义至关重要。同质单元的划分在不同的研究当中有多种不同的叫法,如海岸分类、海岸空间建模或海岸分段等。它的形式也有多种,有的是将研究区或岸线根据正方形网格进行分割,有的将较小的行政单元直接作为基本的评价单元(Szlafsztein et al.,2007),也有研究者沿岸线采集一些样点作为评价单元。而采用最多的则是将海岸作为 GIS 中的线性对象进行建模,并根据研究区最基本的自然和社会经济因子将线分割为一系列线段,作为相对同质的评价单元。为此,需要确定一些用于岸线分段的基本因子,这些因子要能够代表研究区海岸带系统基本的自然和社会经济属性(Torresan et al.,2008)。同时由于风险评价的最终目的是为海岸带管理服务,基本评价单元划分得太细或太粗都不利于管理,评价单元尺度的选择也需要慎重考虑以方便管理和决策。鉴于此,我们选择行政单元、人口密度、底质类型和海岸特征 4 个基本因子来划分同质单元(表 6-1)。尽管海岸侵蚀与行政单元没有本质的联系,但海岸带作为公共财产,其海岸防护系统往往需要当地政府来主持修建。而且行政单元与海岸带管理直接相关。底质类型和海岸特征决定了海岸系统对侵蚀的敏感性和适应能力。而人口密度则是衡量海岸侵蚀潜在影响的重要指标。

表 6-1　研究区内基本评价单元划分因子描述

岸线分段因子	描　述	数据源或参考资料
行政单元	江苏省包括:启东市、海门市、太仓市;上海市包括:宝山区、浦东新区、南汇区、奉贤区、金山区、崇明岛、长兴岛、横沙岛、九段沙	上海市数据来自 1:50 000 地形图;江苏省数据来自国家基础地理信息系统"全国 1:400 万数据库"(国家基础地理信息中心网站 http://nfgis.nsdi.gov.cn)
人口密度	以人/km² 计	2010 年第六次全国人口普查
底质类型	研究区内水下三角洲表层沉积物类型,包括:细砂(FS)、粉砂(T)、粉砂质砂(TS)、粉砂质黏土(TY)、黏土质粉砂(YT)、砂质粉砂(ST)、砂—粉砂—黏土(STY)等 7 种	陈沈良(2009)
海岸特征	包括海岸类型、近岸地貌等因素	Landsat TM 影像、海图数据

岸线分段过程如图 6-1 所示。由于长江口"三支分叉、四口入海"的态势,研究区岸线被自然分割为 7 个部分,分别为长江口北岸的江苏岸线、上海市主体岸线、崇明岛岸线、长兴岛岸线、横沙岛岸线、九段沙上沙和九段沙中下沙岸线,暂不考虑江亚南沙。行政单元包括江苏省 3 个市、上海市 6 个区县,以及长兴岛、横沙岛、九段沙上沙和中下沙,将岸线分割为 13 个部分。人口数据是以市和区县为单位,空间范围与行政单元的一部分重合。根据陈沈良等(2009)的研究,长江口水下三角洲表层沉积物共有 7 种,我们按照近岸主要的表层沉积物类型对岸线进行分割,共分为 17 个部分。此外,根据海岸特征,包括海岸类型、近岸地貌等因素可以将研究区岸线划分为 27 个部分。最终将四个因子的分割结果求交集得到 40 个分段作为最终的基本评价单元(表 6-2、图 6-2)。

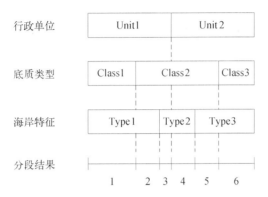

图 6-1　同质单元划分示意图

注：参考 McFadden 等（2007）绘制。

表 6-2　同质单元划分结果

同质单元	行政单元	底质类型	海　岸　特　征	长度（km）
1	启东市	黏土质粉砂	有滩涂海岸	68.0
2			与岸外顾园沙以 10m 深槽相望	11.4
3			近岸有涨潮槽	29.3
4		粉砂质砂	近岸沙洲	6.4
5	海门市	粉砂质砂	近岸沙洲	10.8
6			外沙里泓	11.6
7			青龙港水道	13.1
8	太仓市	黏土质粉砂	白茆沙南水道	15.3
9			跨浏河水道与扁担沙相望	15.5
10	宝山区	黏土质粉砂	跨宝山南航道与新浏河沙相望	23.7
11	浦东新区	黏土质粉砂	吴淞口至五号沟南港水道	17.4
12			五号沟至三甲港以北南槽航道入口处	12.1
13			有少许滩涂海岸，近岸有没冒沙	7.4
14		细砂	有少许滩涂海岸，近岸有没冒沙	5.7
15	南汇区	细砂	有少许滩涂海岸，至大治河口	18.6
16			有少许滩涂海岸，大治河口至芦潮港	23.6
17		砂质粉砂	杭州湾北岸	12.9
18	奉贤区	砂质粉砂	杭州湾北岸	32.4
19	金山区	砂质粉砂	杭州湾北岸	12.2
20		粉砂质砂	杭州湾北岸	11.5
21	崇明岛	黏土质粉砂	崇明东滩	23.9
22			崇明北滩（汲合边滩至北湖）	29.7
23			崇明北岸，岸外有沙洲	12.2

同质单元	行政单元	底质类型	海　岸　特　征	长度(km)
24		粉砂质砂	崇明北岸,岸外有沙洲	19.3
25			崇明西滩	20.3
26			外沙里泓,白茆沙北水道	9.0
27			接东风西沙、东风沙	27.4
28			外沙里泓,扁担沙新桥水道	29.3
29			外沙里泓,北港六滧涨潮槽河段	15.3
30			崇明东滩,北港六滧涨潮槽河段	9.0
31		粉砂	崇明东滩,跨 10m 深泓与北港北沙相望	7.6
32	长兴岛	粉砂质砂	北港水道	21.2
33			青草沙、中央沙接瑞丰沙	26.4
34		黏土质粉砂	外沙里泓,南港瑞丰沙长兴南小泓	17.6
35			横沙通道	6.5
36	横沙岛	黏土质粉砂	北港水道	10.0
37			横沙通道	13.6
38		粉砂	接横沙浅滩	11.4
39	九段沙	粉砂	九段沙下沙	21.6
40			九段沙上沙	15.2

6.2.2　指定评价指标体系

大多数的海岸侵蚀评价研究,都只利用自然因子做脆弱性评价,对社会影响关注较少。鉴于目前全球的海岸侵蚀都在不断加剧,已经从单纯的自然变异过程上升为一种自然灾害,对其社会影响加以考察已愈显必要。因此,此处所建立的指标体系将包括自然因子和社会经济因子两部分。为了保证所选因子能够构成一个相对完备的指标体系,并且确保最终的评价指标更具有参考价值,脆弱性因子和影响因子的选择都需要遵循一些原则,包括有效性、可靠性、专门性、可获取性、可比较性、独立性和易用性等(Pelling,2004)。根据这些原则,并参照与研究区海岸侵蚀相关的研究成果(丰爱平等,2003;李恒鹏等,2001b;王文海等,1999;胡刚等,2009),我们利用第一章所述的 DPSIR 框架模型对脆弱性因子和影响因子进行分析(图 6-3)。DPSIR 是由经济合作与发展组织所提出的 PSR 框架模型的扩展(OECD,1993)。该框架模型已被证明是认识社会经济与环境变量间因果关系的一个合适的描述性框架(de Jonge et al.,2012)。DPSIR 已被广泛应用于多个领域,如用来完善渔业管理

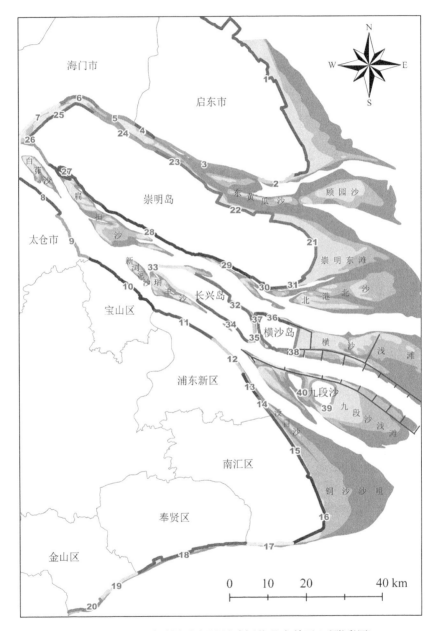

图 6-2　长江三角洲海岸侵蚀风险评价基本单元(后附彩图)
注:南汇区已于 2009 年划归浦东新区。

(Martins et al.,2012)、作为描述集成海岸带管理中环境问题的工具(Campuzano et al.,2013;Pinto et al.,2013)、为理解人类活动与湿地环境的关系提供逻辑框架(Bi et al.,2014;Chang et al.,2013)等。根据 DPSIR 框架模型,对长江三角洲的情况可以做以下简要描述:气候变化、海平面上升和特定的海岸地形条件是海岸侵蚀的主要"驱动力",流域建坝和调水工程导致了入海泥沙通量的减少,与滩涂围垦、潮滩植被群落的退化和海岸带城市化一起对海岸带构成了"压力",并导致了岸线侵蚀和三角洲退化的"状态",进而对人类生活和社会经济发展产生"影响",作为"响应"就需要修筑海塘,增强海岸防护,以尽可能避免遭受海岸侵蚀的风险(图 6-3)。在此框架下,最终确定近岸高程、岸滩坡度、沿岸输沙率、岸线变化率、平均潮差、有效波高、相对海平面变化、潮滩宽度、潮滩植被类型、潮滩植被带宽度 10 个脆弱性因子和人口密度、主要土地利用类型、重点生态区域 3 个影响因子共同构成海岸侵蚀风险评价的指标体系(表 6-3)。

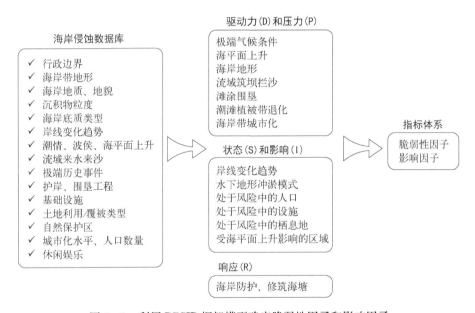

图 6-3　利用 DPSIR 框架模型确定脆弱性因子和影响因子

表 6-3　海岸侵蚀风险评价指标体系

10 个脆弱性因子	3 个影响因子
近岸高程	人口密度
岸滩坡度	主要土地利用类型
沿岸输沙率	重点生态区
岸线变化率	

10 个脆弱性因子	3 个影响因子
平均潮差 有效波高 相对海平面变化 潮滩宽度 潮滩植被类型 潮滩植被带宽度	

6.2.3　量化评价因子

以研究区海岸最外侧大堤(九段沙采用植被线)作为评价基线。首先,对于脆弱性因子和影响因子都采用各自适用的计算方法进行量化,分别作为脆弱性指标(vulnerability index,简称 VI)和灾害指标(hazard index,简称 HI)的变量。对于不易量化的因子,可以采用半定量或定性比较的方法,如分类量表法(ordinal scale)进行量化。然后将每一个变量按照对海岸带脆弱性或海岸侵蚀影响程度的从高到低依次分为 1 至 5 五个等级。

(1)脆弱性因子的量化

10 个脆弱性因子分别量化为:Z 面积、岸滩坡度、年均冲淤量、岸线变化率、平均潮差、有效波高、相对海平面上升、潮滩宽度、潮滩植被类型、潮滩植被带宽度 10 个变量。各变量的定义和数据源见表 6-4,下面分别予以描述。

表 6-4　脆弱性因子定义及数据源

脆弱性因子	定　　义	数　据　源
Z 面积	从评价基线向岸 5 km 的条带内,对应于每个评价单元高程小于 Z m 的总面积	上海市数据来自上海市 1∶50 000 地形图;江苏省数据采用 ASTER GDEM 2
岸滩坡度	从评价基线向海 1 km 为外边界,向陆 1 km 为内边界共 2 km 的条带内,对应于每个评价单元的平均地形坡度(以度计)	同"Z 面积",另加海图数据
年均冲淤量	从评价基线向海 2 km 的条带内,对应于每个评价单元的水下地形年均冲淤量	海图数据
岸线变化率	1990～2008 年,对应于每个评价单元的平均岸线变化速率	Landsat TM 遥感影像
平均潮差	从评价基线向海 5 km 的条带内,对应于每个评价单元的多年平均潮差	Li 等(2012),宋永港等(2011),杨同军等(2013)

续　表

脆弱性因子	定　义	数　据　源
有效波高	从评价基线向海 5 km 的条带内,对应于每个评价单元的年平均有效波高	根据 11 年(1995~2005 年)的气候态风场数据,利用 SWAN 波浪模型模拟得到
相对海平面上升	从评价基线向海 5 km 的条带内,对应于每个评价单元的平均相对海平面变化速率	海平面数据来自法国航天局 AVISO 中心网站,地面沉降数据来自施雅风等(2000)和 Wang 等(2012)
潮滩宽度	大堤至水下 2 m 等深线的平均潮滩宽度	海图数据
潮滩植被类型	大堤以外的主要潮滩植被类型	Landsat 遥感影像
潮滩植被带宽度	大堤以外的潮滩植被带的平均宽度	Landsat 遥感影像

1) Z 面积。地形是海岸带地区受洪水影响敏感性大小的决定性因素。Z 面积指的是从评价基线向岸 5 km 的条带范围内,对应于每一个评价单元地形高度小于 Z m 的总面积(本例 Z 取 2.4 m)。Z 面积值越大,海岸带越易受到海岸洪水的影响。长江三角洲主要由长江携带的泥沙冲积而成,地势低洼。研究区内平均高程不足 4 m,分布于上海市西南部极少数的低山丘陵最高海拔也不足百米。因此对于海岸侵蚀风险评价而言,高分辨率的地形数据非常重要。我们从 2005 年修测的上海市 1∶50,000 的地形图上提取高程数据,插值生成 DEM。研究区内其余部分的高程数据采用 ASTER 全球数字高程模型(ASTER GDEM Version 2)作为补充。ASTER GDEM 2 由日本经济贸易与产业部(Japanese Ministry of Economy, Trade, and Industry,简称 METI)和美国国家航空航天局联合(National Aeronautics and Space Administration,简称 NASA)开发,空间分辨率约为 30 m(Tachikawa et al.,2011)。在 ArcGIS 软件中,提取研究区的高程数据,并投影到统一的地理坐标系(UTM Zone 51 North),然后利用双线性插值法重采样到 30 m 空间分辨率备用。

2) 岸滩坡度。越陡峭的海岸地形越易受到侵蚀,在侵蚀严重的岸段甚至有塌岸的风险(De Pippo et al.,2008)。这里的岸滩坡度指的是从评价基线分别向海、向陆各 1 km,共 2 km 宽的条带内,对应于每个评价单元的平均地形坡度。除了用于计算"Z 面积"的陆地地形数据之外,从海图数据中数字化水深点,然后将水深点插值生成 DEM 数据,再根据 DEM 计算坡度。在 ArcGIS 软件中,坡度指的是每个栅格与它邻近栅格之间的最大变化率(ESRI,2009),可用度计也可以百分比计。以度计的值域范围为 0~90 度,本书以度为单位。

3) 年均冲淤量。泥沙的供给是决定海岸演变的根本原因之一。由于研究区内不同岸段近岸地形地貌复杂多变,难以精确获取所有同质单元近岸的沿岸输沙率。因此,采用从评价基线向海 2 km 的缓冲带内,对应于每个评价单元的"年均冲淤量"代替,可以在 ArcGIS 软件中通过比较多年的海图数据来获得。

4) 岸线变化率。了解历史岸线的变化率,有助于把握岸线变化的总体趋势,把握岸线对自然环境变化和人类活动的响应模式。我们选用的数据源为 1990~2011 年 Landsat TM 遥感影像。采用第三章所讨论的方法计算岸线变化率,在每一个评价单元内取所有断面岸线变化率的平均值。由于研究区内自然海岸极少,我们主要以大堤作为岸线指标。这样选择的合理性在于:长江三角洲是我国经济发展的重地,土地资源相对匮乏,从 20 世纪 70 年代至今滩涂围垦从未停止过,从最初的高滩围垦到后来的中低滩围垦,围垦工程的实施与滩涂的自然淤涨能力密切相关。因此,选择大堤作为岸线指标,不仅能够反应海岸自然演变的情况,也能够反应人类活动对海岸演变的影响。此外,崇明东滩拥有大面积自然淤涨滩涂,采用植被线作为岸线指标;九段沙海岸通过从遥感影像上提取瞬时水边线,结合潮位数据、DEM 估算其岸线变化率(Chen et al.,2009)。

5) 平均潮差。潮流是海岸侵蚀的主要动力因素之一,而潮差的大小又在很大程度上决定了潮流作用的强度。潮差越大,潮流的冲刷能力就越强;潮差小,潮流的冲刷能力弱,对海岸稳定性的影响也就越小。研究区主要潮位站的多年平均潮差数据可以从最近发表的文献中获取(Li et al.,2012;宋永港等,2011;杨同军等,2013)。在 ArcGIS 软件中可以通过地统计插值算法获得潮差的空间分布,然后对应于每个评价单元,计算从评价基线向海 5 km 的条带内的多年平均潮差的平均值。

6) 有效波高。如前文所述,波浪是造成海岸侵蚀的另一个主要动力因素。由于缺乏实测的波浪数据,此处采用 NOAA/NCDC 所提供 11 年(1995~2005年)的气候态风场数据(http://www.ncdc.noaa.gov/oa/rsad/seawinds.html),通过 SWAN 软件模拟得到整个长江口 12 个月的有效波高,取 12 个月的有效波高平均值得到年平均有效波高数据。然后,在每个评价单元中取从评价基线向海 5 km 范围内年平均有效波高的平均值。由于所得到的风场数据比实际值偏小,因此有效波高的模拟结果也偏小,但其相对空间分布与实际情况相符,不会对最终的评价结果产生影响,可以利用该数据进行风险评价。

7) 相对海平面变化。相对海平面上升将潜在地加剧长江三角洲海岸洪水和侵蚀的影响(Kuang et al.,2014;Wang et al.,2012)。根据 IPCC 第五次评估报告(IPCC,2013),20 世纪初以来全球平均海平面上升速率不断加快,

1901～2010 年期间全球平均海平面上升了 0.19 m。此处相对海平面上升是实际海平面上升(eustatic sea level rise)和地面沉降相综合的结果。海平面上升数据采用法国航天局 AVISO 中心发布的融合多传感器资料的 1992 年 10 至 2013 年 8 月区域平均海平面趋势数据(http://www.aviso.oceanobs.com/en/news/ocean-indicators/mean-sea-level/),空间分辨率为 1/3 度。苏北海岸的地面沉降数据来自施雅风等(2000),上海市的地面沉降数据来自 Wang 等(2012)。将平均海平面上升速率和地面沉降速率叠加,得到相对海平面上升速率。这一因子的计算方法是在从评价基线向海 5 km 的条带内,取对应于每个评价单元相对海平面变化率的平均值。

8) 潮滩宽度。潮滩作为一个缓冲带具有消耗波能、保护海岸的作用。同时,也能够为邻近区域提供泥沙,缓解海岸侵蚀的风险。潮滩越宽越高,海岸侵蚀风险越小;反之,则越大。长江三角洲沿岸是我国淤泥质潮滩分布较广的地区,但由于近年来围垦工程的不断加剧,区内潮滩日渐减少。目前仅有长江口以北江苏沿岸、崇明岛周边(南侧除外)、横沙岛东滩、九段沙和南汇边滩仍存在自然滩涂。为了更为全面的描述研究区的海岸侵蚀情况,此处的潮滩宽度定义为,大堤至水下 2 m 等深线的潮滩宽度。数据来自数字化海图。计算方法是,求对应于每一个评价单元的潮滩宽度的平均值。

9) 潮滩植被类型和植被带宽度。潮滩植被具有缓流消浪、保护岸滩的作用。植被生长越稠密、植株越高、植被带越宽对岸滩的保护性越强;反之就越弱。研究区内的潮滩植被类型主要有互花米草、芦苇和海三棱藨草三种。结合实地调查数据,通过解译 Landsat 遥感影像获得所需要的植被数据。这里潮滩植被类型指的是每一个评价单元所对应的主要植被类型。而植被带宽度由于难以直接精确量算,采用每一个评价单元对应的植被带覆盖面积除以对应评价基线段的长度得到。

(2) 影响因子的量化

影响因子分别量化为人口密度、主要土地利用类型、重点生态区 3 种,分别考虑了海岸侵蚀对人类生活、生产活动和生态环境三个重要方面的影响。

1) 人口密度。人口密度与社会经济发展密切相关,不同的人口密度所反映的社会经济发展水平不同,因此人口密度是衡量海岸侵蚀对沿岸地区所能够产生影响程度的重要指标。DIVA 项目就曾利用人口密度数据将全球海岸分为三种社会经济发展类型,分别为大于 1 000 人/km² 的城市模式、250～1 000 人/km² 的密集型农村模式和小于 250 人/km² 的中低聚集水平的农村模式,它们对海岸侵蚀的响应模式和受海岸侵蚀的影响各不相同(McFadden et al.,2007)。本章所采用的人口数据来自2010年第六次全国人口普查。

2) 主要土地利用类型。尽管许多研究都涉及生态服务价值的核算方法,但生态服务价值受到多种因素的影响,特别是对于中国目前的土地政策而言这种方法并不成熟。其换算得到的经济价值的绝对量除了作为相对的参考外,并没有更多的实际操作价值。因此,本章不涉及生态服务价值的评估,但在分级量化的过程中,我们充分参考了有关海岸带生态系统和城市生态系统价值评估的相关研究成果(Costanza et al.,1997;Zhao et al.,2004;程江等,2009)。由于缺少实地调查数据,我们根据1:50 000的地形图数据,对最近的Landsat遥感影像进行解译获得土地利用类型数据。统计范围取评价基线向陆2 km区域内的主要土地利用类型,主要包括:① 公共事业用地(如机场、码头、水库等);② 城镇、工业、仓储用地;③ 村庄、农业用地(包括农场、养殖场等);④ 绿化用地(如森林、公园、绿地等);⑤ 围垦滩涂及其他未利用土地。

3) 重点生态区。该因子主要考虑了研究区内沿岸主要的自然保护区、重要湿地等生态区,如崇明东滩鸟类国家级自然保护区、九段沙湿地国家级自然保护区、上海崇西湿地公园以及崇明北滩、横沙浅滩、青草沙水库、东风沙等。同时认为越重要的生态区域,海岸侵蚀所造成的潜在损失越大,例如崇明东滩鸟类国家级自然保护区受海岸侵蚀的影响要比横沙浅滩大。

6.2.4　构建风险指标

构建风险指标之前,首先需要对脆弱性因子和灾害因子根据其变量本身的特点进行分级。我们将每一个因子划分为1至5五个等级,分别对应脆弱性和受到海岸侵蚀影响的从低到高,如表6-5和表6-6所示。

表6-5　脆弱性因子分级(1:脆弱性最小;5:脆弱性最大)

脆弱性因子(变量)	脆 弱 性 分 级	脆弱性因子(变量)	脆 弱 性 分 级
Z面积(X_1) 单位:%	1:0～20 2:20～40 3:40～60 4:60～80 5:80～100	有效波高(X_6) 单位:m	1:<0.12 2:0.12～0.14 3:0.14～0.16 4:0.16～0.18 5:>0.18
岸滩坡度(X_2) 单位:度	1:0～0.1 2:0.1～0.2 3:0.2～0.3 4:0.3～0.45 5:>0.45	相对海平面变化率(X_7) 单位:mm/a	1:0～3 2:3～5 3:5～7 4:7～8 5:8～10

续　表

脆弱性因子(变量)	脆弱性分级	脆弱性因子(变量)	脆弱性分级
年均冲淤量(X_3) 单位：m^3/a	1：>400 2：100~400 3：−100~100 4：−300~−100 5：<−300	潮滩宽度(X_8) 单位：m	1：>3 000 2：1 500~3 000 3：500~1 500 4：350~500 5：0~350
岸线变化率(X_4) 单位：m/a	1：>150 2：80~150 3：50~80 4：20~50 5：<20	主要潮滩植被类型(X_9)	1：林地 2：互花米草 3：芦苇 4：海三棱藨草 5：无植被
平均潮差(X_5) 单位：m	1：<2.5 2：2.5~3.0 3：3.0~3.5 4：3.5~4.0 5：>4.0	潮滩植被带宽度(X_{10}) 单位：m	1：>400 2：300~400 3：150~300 4：10~150 5：0~10

表 6 - 6　影响因子分级(1：影响最小;5：影响最大)

影响因子(变量)	影　响　分　级
人口密度(Y_1) 单位：人/km^2	1：0~500 2：500~800 3：800~1 000 4：1 000~1 500 5：>1 500
主要土地利用类型(Y_2)	1：围垦滩涂及其他未利用土地 2：绿化用地(包括森林、公园、绿地等) 3：村庄、农业用地(包括农场、养殖场等) 4：城镇、工业、仓储用地 5：公共事业用地(包括机场、码头、水库等)
重点生态区(Y_3)	1：无重点生态区 2：一般湿地 3：重要湿地(如横沙浅滩、崇明北滩) 4：湿地公园、科学实验站 5：国家级自然保护区

　　接下来需要根据各因子的重要性对其赋予不同的权重。海岸侵蚀是一个复杂的现象,受多种因子不同程度上的影响。尤其在区域尺度上,不同因子对海岸侵蚀的贡献往往难以量化,而且对于各因子的影响程度的研究也存在较大的争议。因此,加权对于海岸侵蚀评估而言是一个非常重要的步骤。一方面,通过加权可以对各因子的影响进行恰当的定位,避免高估或低估其贡献;另一方面,由于各因子的权重往往通过专家打分或文献调研的方式获得,加权

也是集成专家知识和最新研究成果途径之一。

常用的确定权重的方法有主观法和客观法两类,包括经验权数法、专家咨询法、层次分析法、主成分分析法等多种(况润元等,2009)。主观法根据专家的知识经验对各因子的重要性进行定量化;客观法则是依据实测数据,在数据分类标准已知的条件下,通过数据挖掘的方法确定指标权重。主观法的优点是简单易行,但受个人知识结构甚至情绪的影响较大,而客观法往往由于信息不完整和数据的不确定性导致数据挖掘的结果偏离客观事实,因此两者各有优缺点。

为了对每个变量赋予客观的权重,这类采用层次分析法(Analytic Hierarchy Process,简称 AHP)来定量化各因子的权重。AHP 方法由 Saaty (1980)首先提出,并广泛应用于各种多目标决策支持研究中的一种定性与定量相结合的决策分析方法。根据 Saaty(2008),在已有指标体系的前提下可以通过以下两步来确定各因子的权重:

首先,根据已有研究成果、数据资料、专家意见,分别对脆弱性因子和影响因子进行两两比较,构建判断矩阵 $A = (a_{ij})$, $i, j = 0, 1, 2, \cdots, n$。$n$ 为因子数目,脆弱性因子和影响因子分别为 10 和 3。各因子的相对重要性赋值以数值标度表(表 6-7)为准。

表 6-7　数值标度表

重要性	含　　义
1	两因子相比较,具有同等重要性
3	两因子相比较,前者比后者稍重要
5	两因子相比较,前者比后者明显重要
7	两因子相比较,前者比后者强烈重要
9	两因子相比较,前者比后者极端重要
2、4、6、8	上述相邻判断的中间值
倒数	若因子 i 的重要性是 j 的 a 倍,则因子 j 的重要性是 i 的 1/a 倍

然后,计算指标权重并利用一致性比率 $C_R = C_I/R_I$ 进行一致性检验。其中, $C_I = (\lambda_{max} - n)/(n-1)$, λ_{max} 是矩阵 A 的最大特征值, R_I 是同阶矩阵的随机一致性指标(表 6-8)。当 $C_R = 0$ 时,A 具有完全一致性;当 $C_R < 0.1$ 时,A 具有满意一致性;否则,A 具有非满意一致性,应予以调整。

表 6-8　随机一致性指标(Saaty,1980)

A 的阶数	1	2	3	4	5	6	7	8	9	10	11	12
R_I	0.00	0.00	0.58	0.90	1.12	1.24	1.32	1.41	1.45	1.49	1.51	1.48

最终,得到脆弱性因子和影响因子的判断矩阵和权重如表 6-9 和表 6-10 所示。其中,脆弱性因子判断矩阵的一致性比率为 0.037,小于 0.1,具有满意一致性;影响因子判断矩阵的一致性比率为 0.025,小于 0.1,具有满意一致性。

表 6-9 脆弱性因子的判断矩阵和权重

	X_1	X_2	X_3	X_4	X_5	X_6	X_7	X_8	X_9	X_{10}	权重
X_1	1	1	1/2	3	7	7	8	2	5	4	0.182
X_2	1	1	1/2	3	7	7	8	2	5	4	0.182
X_3	2	2	1	4	8	8	9	3	7	5	0.264
X_4	1/3	1/3	1/4	1	6	6	7	1/2	5	5	0.104
X_5	1/7	1/7	1/8	1/6	1	1	2	1/5	1/2	1/3	0.023
X_6	1/7	1/7	1/8	1/6	1	1	2	1/5	1/2	1/3	0.023
X_7	1/8	1/8	1/9	1/7	1/2	1/2	1	1/7	1/3	1/5	0.016
X_8	1/2	1/2	1/3	2	5	5	7	1	4	3	0.119
X_9	1/5	1/5	1/7	1/5	2	2	3	1/4	1	1/2	0.035
X_{10}	1/4	1/4	1/5	1/5	3	3	5	1/3	2	1	0.051

表 6-10 影响因子的判断矩阵和权重

	Y_1	Y_2	Y_3	权重
Y_1	1	5	9	0.751
Y_2	1/5	1	3	0.178
Y_3	1/9	1/3	1	0.070

在相关的研究当中已经发展了多种指标计算方法。根据 Del Río 等(2009),涉及乘积运算的方法往往会扩大数值的范围,对于变量可能存在的误差要比求和更为敏感;平方运算则趋向于低估较小的脆弱性或影响水平,并过分强调中间的和较高的数值。因此,对于通常的海岸侵蚀评估而言,简单的加权求和是最适合采用的一种方法,应用也最为广泛。基于此,我们使用下面的公式计算脆弱性指标(VI),

$$VI_j = \sum_{i=1}^{n} w_i f_{ij}, \ j = 1, 2, \cdots, m \qquad (6-1)$$

式中,VI_j 是第 j 个评价单元的脆弱性指标;w_i 是脆弱性因子 X_i 的权重;f_{ij} 是脆弱性因子 X_i 对应于第 j 个评价单元的分级数;m 是评价单元的数目;n 是脆弱性因子的数目。根据公式(6-1),逐个评价单元进行计算。然后将计算结果归一化为0%～100%,并进一步将脆弱性水平分为5个等级:极高(大于80%)、高(60%～80%)、中(40%～60%)、低(20%～40%)和极低(小于20%)。灾害指标(HI)采用与脆弱性指标(VI)类似的方法计算。

根据前文所述,风险由自然因素和社会因素两个方面共同构成。因此,风险指标(RI)可以通过脆弱性指标(VI)和灾害指标(HI)加权平均得到。考虑到自然因素和社会因素两类因子的数目及各自不同的影响,我们将两者的权重分别取为0.75和0.25。

6.3　结果与讨论

计算得到的脆弱性水平、灾害水平和风险水平如图6-4、6-5、6-6所示。

图6-4(a)显示了研究区脆弱性水平的空间分布情况。高和极高的脆弱性水平主要分布在杭州湾北岸、宝山岸段、浦东新区、长兴岛和横沙岛的部分岸段,以及崇明岛西南角正对白茆沙的岸段和江苏省启东市连兴港以西正对顾园沙的部分岸段;大部分启东海岸、北支沿岸、崇明东滩、横沙东滩、九段沙以及南汇边滩的部分岸段具有低或较低的脆弱性水平。如图6-6所示,近一

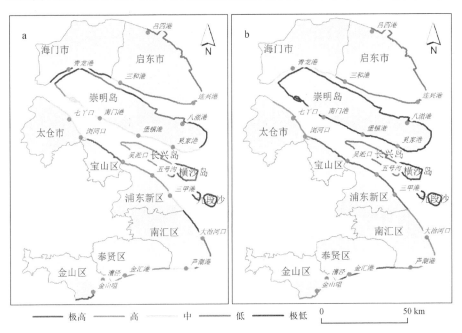

图6-4　脆弱性水平(a)和灾害水平(b)分布图(后附彩图)
注:南汇区已于2009年划归浦东新区。

半(约 49％)岸段具有低和中等水平脆弱性。高和极高脆弱性岸段占总岸线长度的 30％。

图 6-4(b)显示了研究区灾害水平的空间分布情况。可以看出,研究区海岸侵蚀灾害水平与社会经济发展程度的空间分布模式基本一致,经济水平越高,灾害水平也越高。即灾害评价结果反映了海岸侵蚀对社会经济所造成潜在负面影响的程度;极高的灾害水平出现在宝山、浦东和奉贤海岸。高的灾害水平出现在太仓、南汇和金山海岸;海门海岸有中等的灾害水平;启东和长兴海岸有低的灾害水平;崇明岛、横沙岛和九段沙海岸灾害水平最低。研究区约 30％的海岸有高和极高的灾害水平;低和极低的灾害水平占有超过 65％的岸线(图 6-6)。

图 6-5 显示了综合脆弱性评价结果和灾害评价结果得到的风险水平的空间分布情况。总体上,研究区风险水平从南向北呈减弱趋势。中等的风险水平出现在崇明岛东南和西南岸段、长兴岛和横沙岛的北侧岸段、太仓岸段及南汇边滩南部岸段;极低风险水平主要分布在崇明东滩、九段沙和北支岸段。超过 1/4 的海岸具有高和极高的风险水平(图 6-6)。统计显示,所有同质单元中平均风险水平为 44.4％。高于 50％的风险水平出现在 19 个同质单元上,超过研究区总岸线长度的 40％。高于 60％的风险水平主要分布在宝山、浦东、奉贤和金山岸段。

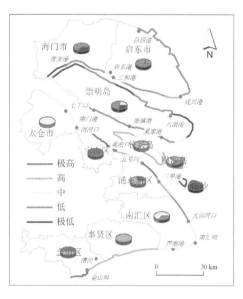

图 6-5　风险水平分布图(后附彩图)

注:南汇区已于 2009 年划归浦东新区。

本研究针对长江三角洲淤泥质海岸的特征,综合考虑自然和社会经济因子,发展了基于 GIS 的海岸侵蚀评估方法,评估结果提供了较为详尽客观的有关研究区海岸侵蚀风险的知识。一些最近发表的研究成果也可以间接说明本研究的有效性。例如,李行等(2014)研究表明连兴港附近的海岸 1973～2012 年的淤涨速率为 50 m/a;Li 等(2014)研究发现,崇明东滩东北岸段平均岸线淤涨速率为 102.3 m/a,东滩顶端淤涨最大速率达 270.1 m/a,东南侵蚀岸段侵蚀速率为 25.5 m/a;根据 Jiang 等(2012),1994～2007 年九段沙和横沙东滩 0 m 以上滩涂淤涨速率分别为 4.1 km²/a 和 3.1 km²/a;Chu 等(2013)研究显

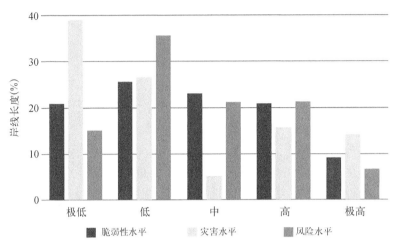

图 6-6　长江三角洲各脆弱性、灾害和风险等级所占岸线长度的比例

示南汇边滩的岸线处于淤涨状态;对于杭州湾北岸,由于海岸防护系统的存在岸线基本稳定,侵蚀主要发生在芦潮港以西的近岸海床(Xie et al.,2013)。另外,海平面上升及其引起的潮位的增高、流域供沙的减少、河口工程的修建(如深水航道、未来"海洋新城和深水新港"的实施)等都将对长江口河势产生重要影响,进而影响研究区海岸侵蚀风险的分布。海岸带管理者在制定长期海岸带管理规划的时候,必须对未来的场景有较为准确的把握。虽然本例未涉及未来的场景,但所提出的方法完全可以应用于未来场景的评估(袁庆,2011)。

　　本研究也存在一些问题。首先,DEM 和人口数据的空间分辨率较低,一些数据也相对陈旧,使得难以生成较为精确的评估结果。近岸地形变化相对频繁,过时的和低分辨率的 DEM 数据很可能在特定岸段导致不正确的分级结果。其次,同质单元的选择或许可以通过优化因子的选择和提高有关数据的分辨率而进一步完善。例如,第一个同质单元(苏北海岸)的定义过于粗略使得吕四海岸的侵蚀岸段(哈长伟等,2009)未能体现出来。最后,对于一个相对大的研究区而言,由于不同评价单元的海岸适应性和管理政策倾向性的差异,其脆弱性指标和灾害指标的权重也许是不同的。这些都是发展更为完善的海岸侵蚀风险评估方法所需要考虑的问题。此外,对于一个相对大的评价区域而言,完备的数据获取代价极其昂贵,也几乎是难以实现的,因此需要发展高精度的模拟模型和高效的数据获取技术(如遥感技术)。

　　在本研究结果的应用上,对整个研究区域有必要系统看待而不是孤立地局部看待。由于沿岸泥沙传输的存在,区域间的相互作用非常明显。例如,南汇边滩的围垦工程使得杭州湾北岸的供沙减少,从而影响到其海岸状态和发育趋势(茅志昌等,2008b)。因此,对于长江三角洲而言需要从全局的角度制定海岸带管理规划。另外,对于较小的研究区域,由于完备和精确的数据更易于获取,本章所展示的海岸侵蚀风险评估方法也能够获得更可靠的评估结果。但所提出的方法能够评估较大区域的优势又难以得到体现。反过来,对于较大的研究区域数据的可获取性又存在问题。因此在应用中或许要在两者之间加以权衡。

6.4　本 章 小 结

本章发展了一个基于 GIS 的淤泥质海岸侵蚀风险评估方法,并对长江三角洲的海岸侵蚀风险进行了较为全面的评估。该方法由定义同质单元、指定指标体系、量化评价因子和构建风险指标四个步骤构成。评估结果显示,具有高风险的岸段主要分布在宝山、浦东、奉贤和金山四区,低风险的岸段主要位于九段沙和北支岸段。高风险岸段有必要加强海岸防护系统以保护基础设施和海岸土地免遭损失。其余的海岸也需要综合考虑未来的气候变暖场景及人类活动的可能影响加以必要的防范。

本研究有四个方面值得提及。首先,行政单元被用作定义同质单元的因子之一,使得评估结果更容易与当地政府的管理实践相关联;其次,DPSIR 框架模型被用来构建指标体系,确保了所选评价因子的完备性;再次,AHP 技术用来指定评价因子的权重,使评估结果更具客观性和可靠性;最后,GIS 技术的使用为数据和模型集成、空间分析以及所提出方法的进一步扩展提供了方便。

第七章　长江三角洲海岸侵蚀决策支持框架

7.1 引　　言

　　长江三角洲是中国最重要的经济区域之一,在全球变暖和人类活动的影响下,海岸侵蚀问题有所加剧,对社会经济的可持续发展构成了潜在的威胁。为尽可能地减少海岸侵蚀造成的损失,支持长期发展规划的制定,需要弄清当前的海岸侵蚀现状。如前文所述,长江三角洲的大部分海岸属于典型的淤泥质海岸,在海陆相互作用和人与自然因素的耦合影响下其行为模式极端复杂。有必要利用决策支持系统技术以集成人与计算机的优势,进行系统的海岸侵蚀风险评估。尽管早在 20 世纪 90 年代初期,海岸带集成管理(ICZM)当中已经引入了决策支持的概念,但其应用极其有限(Van Kouwen et al.,2008)。而且大多数与海岸侵蚀有关的决策支持系统都是以完备的自然、社会经济数据库和确定性的解决方案为基础。但对于许多发展中国家,政府的首要任务是发展经济,一些重要的科学数据往往不够完备,许多影响模型输出的关键参数难以获取,导致这些地区的相关研究受到极大的限制(Szlafsztein et al.,2007)。

　　目前我国的海岸侵蚀研究主要集中在理论方面,主要包括海岸侵蚀的原因、机理、空间分布、侵蚀预测方法等。在淤泥质海岸的冲淤演变模式、剖面塑造规律以及海洋动力要素和流域人类活动对海岸演变的影响等方面的研究取得了一定的成果。这些为我国各大海岸工程建设提供了重要的科学依据,也为建立海岸侵蚀辅助决策系统提供了重要的基础保障。王文海等(1991)最早提出了海岸侵蚀信息系统建设的必要性,并给出了系统的理论框架结构。徐钢等(1997)提出了海岸带灾害预警系统的构想,认为预警系统将在长江河口整治和海岸带开发中发挥重要作用。长江三角洲以其独特的资源和区位优势成为我国经济发展的核心区域之一,但随着经济的不断发展,逐渐增大的海岸带环境压力反过来变成了经济发展的潜在制约因素。海岸带的可持续发展与区域社会经济的可持续发展息息相关。鉴于此,亟需研制有关决策支持工具以推动长江三角洲科学的海岸带管理。

7.2　定　义

决策支持系统(DSS)的思想起源于 20 世纪 60 年代中期(Power,2008),长期以来被广泛地应用于各个领域,但在海岸带管理领域的应用还不成熟(Van Kouwen et al.,2008)。而当前计算机技术的发展已经使得日常管理中使用到的许多软件系统都或多或少地具有某种形式上的决策支持功能(Alter,2004)。为此,本章引入决策支持框架(Decision Support Framework,简称DSF)的概念。为了便于进一步的讨论有必要对下面三个名词进行重新定义:

1) 可视化:一系列由专门仪器获取或计算机生成的静态或动态的、二维或三维的文字、图形和图像,用来反映自然对象某些特定方面的属性或过程,以达到与受众可视化地交流信息的目的。

2) 情景:能够完备地描述一个复杂系统的所有参数子集的表达。情景不等于预测结果,而是试图描述对象在特定条件下的状态,并借此以更为直观和交互的方式帮助人们理解复杂事件和现象的本质。

3) 决策支持框架:由人与计算机系统共同构成的一个概念框架,其中管理者或决策者和计算机系统相互协作完成决策任务并"共同进化"(co-evolution)而日臻完善。

目前人们可以利用各种工具获取大量的海岸侵蚀数据,但由于海岸侵蚀的复杂性和有效模型的缺乏,真正的决策过程仍主要地依赖于人的知识经验。而人的决策又需要借助于各种数据的可视化表达和不同情景的展示。然而,可视化和情景所描述的并非现实本身,而是通过计算机技术的模拟、分析、预测、综合,为复杂的现实世界提供人们易于接受的直观表达。因此,可视化和情景都可认为是现实世界不同程度上的一种简化和综合。在这个过程当中,实际上是人与计算机的协作。计算机系统帮助人们利用自己的知识经验理解复杂的现实世界,人通过不断加深对复杂现实世界的理解,反过来又可以完善计算机系统使其能够更全面有效地表达现实世界的复杂性本质。

7.3　决策支持框架

长江三角洲海岸侵蚀灾害评估决策支持框架由人与计算机系统构成(图7-1)。人作为整个决策过程的主体,针对具体的决策应用需求,借助计算机系统生成相应的参考数据,实施决策。其中,人包括管理者、专家及其他利益相关群体;计算机系统由海岸侵蚀综合地理数据库、基于 GIS 的海岸侵蚀风险评价模型、可视化工具集和情景生成器四部分组成。

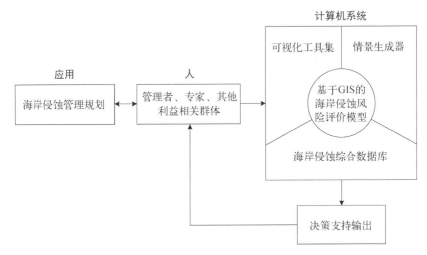

图 7-1　长江三角洲海岸侵蚀决策支持总体框架

人的主要作用是提供知识经验、参与决策过程和完善计算机系统。下面重点论述计算机系统的四个组成部分。

7.3.1　海岸侵蚀综合地理数据库

综合地理数据库提供了存储、管理和检索相关数据的手段,是海岸侵蚀灾害评估的基本保障。从支持评价模型的角度来说,它包括直接指标数据(可以作为参数直接输入模型)、输入数据(用以推导直接指标)和辅助性数据(辅助可视化和情景表达)。这些数据各自表达为栅格或矢量的形式,主要数据包括:行政边界、遥感影像、地质地貌、高程、海图、岸线、输沙、径流通量、潮情、波候、海平面上升、地面沉降、极端历史事件、土地利用/土地覆被(LULC)、基础设施、生态区域、人口密度等。

人们已经认识到,拥有可靠数据信息的有组织和一致性的海岸带数据库是海岸带管理决策的必要前提(Vafeidis et al.,2008;Weyl,1982)。由于海岸侵蚀的复杂性,不得不考虑决策支持的时间花费和效率。而信息表达是数据库可靠性的基本影响因素(Vafeidis et al.,2004)。Bartlett 等(1997)认为数据结构和数据模型应是海岸带信息系统开发者首要考虑的事情。对于动态的海岸系统而言,最重要的问题是如何对海岸带空间进行建模(Vafeidis et al.,2008)。

海岸是一个典型的空间实体,并且多个世纪以来地图上的海岸都是用线的方式来表达的。然而,海岸又是一个特殊的空间实体,其特殊性主要表现为横向上的动态性。沿岸线的狭窄区域内的对象会随着岸线的变化而动态变化。一个典型的海岸系统也许拥有数十至数百千米长的岸线,但海岸带的宽度也许只有数千米,而且其近岸水深和沿岸陆上高程也许有数十至数百米不等。这些尺度上的动态性意味着,传统 GIS 基于多边形(polygon)或折线(polyline)的数据结构不能够给予海岸系统以有效表达(Li et al.,2001c)。按照传统的"弧—节点"(arc-node)的方法,我们能够将岸线表达为一个线要素,每一个线段由它的起始节点和弧所定义。这种方法的优点是能够保留要素间的拓扑关系,但它却不适合海岸带多维性的特点。当有大量数据存在或岸线拥有多种属性的时候,我们就需要为每一种数据或属性定义一个线要素,这种方式就变得非常繁琐而且信息极其冗余。不仅不利于数据库更新和维护,也不便于使用。在此背景下,采用动态分段(dynamic segmentation)技术的线性参考系统(linear reference system,简称 LRS)在建模海岸空间上得到了广泛的应用。与通常的矢量线模型不同的是,线性参考系统通过沿一个可量测的线要素记录点或线段事件的位置来描述线特征,而不需要将线要素打断为线段(Blazek,2005)。动态分段技术允许多种属性与一个相同的线要素的任何部分进行关联。可以采用常规的方式存储、展示、查询和分析这些属性,而不会对线要素的空间位置产生影响。一个线性参考对象包括一个线要素(路径)和与之相关联的事件表,事件可以是点或线段。动态分段技术就是计算存储和管理在事件表中的事件位置的一种方法(ESRI,2009)。

我们利用 ESRI 的 Geodatabase 数据库模型来管理数据。栅格数据、地形数据和历史岸线数据,以及行政边界、基础设施等辅助性数据利用常规的栅格或矢量数据模型存储。其他指标数据,如地质地貌、岸线变化率、输沙、潮情、波高、海平面、地面沉降、极端历史事件、土地利用/土地覆被等,采用动态分段技术以事件表的形式来组织,并与一条基准的岸线数据相关联。

7.3.2　海岸侵蚀风险评估模型

海岸侵蚀风险评估模型是决策支持框架的核心构成之一,已在第六章进行了详细的描述。该模型主要包括定义同质单元、指定评价指标体系、量化评价因子和构建风险指标四个步骤。而后两个步骤从具体操作上又可概括为量化、分级、加权、合成四个过程。由于在 GIS 框架中实现,GIS 不仅为该模型的实现提供了便利性,也使得该模型具有一定的开放性和可扩展性。一些 GIS 功能,如空间分析、插值、叠加分析、可视化表达等,有助于各操作步骤的实现,而且 GIS 环境也为通过数据集成和模型集成提升其性能、拓展其应用区域提供了可能。例如,可以将海平面预测模型集成到该模型当中,从而可以对未来海平面上升背景下的海岸侵蚀风险进行评估(袁庆,2011)。

7.3.3　可视化工具集

海岸侵蚀是一个相对专业的领域。虽然对于生活于沿海地区的人们来说海岸侵蚀问题并不陌生,但涉及管理决策层面的一些专业问题仍不是普通公众和非专业人士所能轻易接受和理解的。有效的可视化工具集有助于传递相对专业的数据和信息,可以使更多的利益相关群体参与到决策过程当中,这对于科学决策至关重要。因此,可视化工具集的主要功能就是展示数据、过程和结果,通过在 GIS 环境下联合一些如插值、模拟、预测等专业模型,并将重要的数据信息置于遥感影像、土地利用、地形地貌等一些较为直观和大尺度的数据背景下,以达到辅助理解、计算和决策的目的。但问题是什么是最有效的可视化表达? 一般认为,影像、三维图形和动画比文字或数字、二维图形和静态图片更为直观有效。事实上,对于一个特定的决策过程而言并非如此,所有的可视化表达方式,如文本、数字、图表、二维或三维图形、图像、动画等都可能是有效的。这要视决策过程中要达到的具体目的和所针对的受众而定。例如,在洪水应急决策中,决策者并无暇观看洪水淹没过程的动画模拟,他们真正需要的是伤亡人数、受灾面积、经济损失等一系列关键数据。而在普通的决策中,动画模拟则有助于决策者理解自然对象的复杂过程,从而导致更合理的决策结果。因此,关键是要运用得当,在合适的时候选择合适的表达方式。

海岸侵蚀是一个复杂的过程,人们关于它的知识经验非常有限。在本章所讨论的决策支持框架将尽可能地包括一些基本的可视化表达手段。为此,几个方面的功能值得特别强调。首先,是 GIS 环境下海岸侵蚀专业数据信息与地理信息的有机集成和有效表达。可视化技术和专业计算模型已经各自得到了独立的发展。作为最被认可的管理工具之一,GIS 技术为两者的集成提供了环境。它能够帮助人们发现一些在常规技术条件下不易被发现的潜在模式和趋势。其次,通过预测性的模拟模型可视化表达海岸要素的演变过程和演变趋势。由于海岸系统的动态性,许多海岸要素,如岸线、潮滩植被、波候、近岸输沙等,只能在离散的时间点上被获取。这一功能通过模拟使其完整的演变过程在一定程度上得以生动展现,有助于加深我们对其复杂过程的理解。而且,在海岸系统动态要素与海岸地形地貌数据之间建立关联,并辅以丰富的三维纹理模型再现逼真情景。一些完善的插值算法,如分形布朗运动模型(见

第五章)、小波和分形方法等被用来增强可视化效果和精度。另外,数据和结果的不确定性也通过可视化的方法加以展示,加强决策的科学性。总之,可视化工具集为完善知识传递过程,使更多的群体参与到决策过程提供了手段。

7.3.4　情景生成器

情景规划是许多组织机构做决策常用的方法。近些年,情景的概念也被引入海岸带管理当中,用来处理与气候变化有关的复杂问题(Nicholls et al.,2008b)。对于长江三角洲的海岸侵蚀问题,它同样具有重要的意义。中国仍然是一个发展中国家,很多时候政府的首要任务是发展经济,而对一些基础性的科学研究政策支持的力度往往不足。这就意味着,一些有关海岸侵蚀的关键数据经常是不完备的,甚至难以获得。在此情况下,管理者或决策者的知识结构就成为制约最终决策的重要因素。另外,长江三角洲复杂的动力环境在很大程度上也影响着计算机直接生成结果的可靠性。因此,情景生成器作为融合人的知识经验与计算机智能的一个工具就显得尤为必要。

此处所涉及的情景生成器用来生成不同的环境条件对海岸侵蚀的影响,这些条件可能是实际存在的,也可能是假设的或是模拟、预测的。它主要用来帮助用户理解复杂的海岸环境,并在数据不完备的情况下尽可能地结合人的知识经验辅助海岸侵蚀风险评价和决策过程。在海岸侵蚀决策过程中,存在着很多不明确或存在争议的问题,不弄清楚这些问题就会对海岸侵蚀风险评价结果和海岸侵蚀管理规划产生影响。以往解决此类问题的方法是独立开展研究,不仅周期长、需要大量人力、物力的投入,而且研究成果的更新速度慢,往往难以跟上海岸带环境的动态变化。随着 GIS 技术和建模技术的发展,人们可以在 GIS 环境下根据不同的假设条件进行实时建模和模拟,并利用可视化工具进行表达。这种方式为人们快速形成对复杂海岸侵蚀问题的认识和动态管理决策提供了可能性。有了具体的问题,接下来就需要针对问题,组织数据和模型、分析各种可能有意义的条件进行情景规划,并生成具体的情景。最后对各种情景进行评估,提取有价值的数据信息支持管理决策。

7.4　讨　　论

正如 Tribbia 等(2008)所言,在海岸带管理中科学和实践之间存在脱节。科学家和研究者在科研机构中从事着与海岸侵蚀有关的科学研究,而相关机构的管理者却要为海岸侵蚀所产生的影响做决策,但很多时候他们并非专业人士。尤其在发展中国家,像海岸侵蚀这样专业性很强的知识在大众媒体上并不多见,尽管有关利益群体经常接触海岸侵蚀现象,但对专业知识却知之甚少。为了确保决策的科学性,管理者必须充分掌握海岸侵蚀的科学信息。因此,管理者以及相关利益群体和科学家之间迫切需要一种传递知识、沟通信息的纽带或工具。本章所讨论的决策支持框架也正是为实现这一目的而所做的探索。它具有两个显著的特点:首先,整个决策支持框架完全由 GIS 环境支持,保证了该框架的可扩展性。当更全面的数据和更健全的模型可利用的时候,该框架将能够方便地对其加以集成,并达到增强系统功能和可靠性的目的。这一点尤其适用于长江三角洲当前的情况。同时,可视化工具集和情景生成器使得人与计算机系统之间的交互和协同工作变得更为便利和有效。然而,挑战依然存在。

对于长江三角洲而言,数据是最大的挑战之一。尽管在过去的几十年里已经针对河口和海岸带环境开展了大量的研究,但大部分的数据都是零散地掌握在个人和研究团体手中,由于共享机制不健全和数据格式不统一而难以集成使用。为节约花费和避免重复性工作,有必要形成一个健全的数据收集和共享机制。此外,在高度动态的海岸带环境当中,有效的数据获取技术也有待进一步发展(Wright,2009)。在海岸带和近海数据获取中,通常研究者需要制定合适的采样策略,以确保所获取的数据忠实地保留了动态对象的内在特性,否则分析结果很可能偏离事实。随着遥感技术的发展,利用遥感观测的手段推导一些动力参数将成为普遍应用的方法,因为遥感数据往往具有大空间尺度和密集采样的特点。例如,可以通过可见光遥感影像反演海表含沙量数据、利用红外影像可以获得海表温度场数据、利用微波数据可以反演海表风场、流场、波高等信息、利用 LiDAR 数据可以获取高精度的海岸带地形信息,而这些将对海岸侵蚀风险评价和决策提供重要参考。

在本章所讨论的决策支持框架不可避免地涉及一些模型。尤其是,由确定性模型所推导出的结果应当慎重使用,因为正像 Purvis 等(2008)所声明的那样,这类模型掩盖了复杂系统的不确定性,专家知识难以介入。Dawson 等(2009)也建议使用概率方法代替确定性模型来预测海岸侵蚀。事实上,对于一个给定的海岸侵蚀模型,结果的有效性取决于许多因素(Szlafsztein et al.,2007)。任何模型都是对复杂的海岸带环境的一种简化,而不是其本身。目前的科技水平还不足以完全依赖数学模型来认识海岸侵蚀问题,人的知识经验不可或缺(Pilkey et al.,2004)。这也正是本章所讨论的决策支持框架为什么要包含可视化工具集和情景生成器的原因。在复杂系统的决策支持过程中,借助于计算机系统所推动的人的知识经验的介入和不断完善是必不可少的。

在全球变暖的影响下,长江三角洲的海岸侵蚀风险评价也许比其他地区更为紧迫。但要使本章的决策支持框架付诸实践仍有很长的路要走。我们希望该框架能够帮助人们理解长江三角洲海岸侵蚀的潜在风险,为下一步可业务化运行的决策支持工具的开发提供理论和方法基础。此外,本章所讨论的决策支持框架是针对长江三角洲所提出的,但由于该框架的可扩展性,它也可以为其他地区的海岸侵蚀决策提供参考。

7.5 本 章 小 结

本章在前文研究的基础上,提出了适合于长江三角洲的海岸侵蚀决策支持框架模型。该模型包括四个部分:海岸侵蚀综合地理数据库、基于 GIS 的海岸侵蚀风险评价模型、可视化工具集和情景生成器。在评价模型和其他技术的支持下,本章所提出的决策支持框架有利于联合计算机技术和专家知识,为科学的海岸带管理决策提供支持。

第八章 辅助决策系统的设计与实现

8.1 系 统 分 析

系统分析首先要根据用户需求,结合二次开发平台软件的情况,对需要实现的功能作可行性分析、设计系统总体方案、确定技术流程。在方案确定后还需根据用户需求及技术要求对方案进行调整,最后设定系统短期和长期目标,合理安排系统开发进度。本系统分析方法如图 8-1 所示。

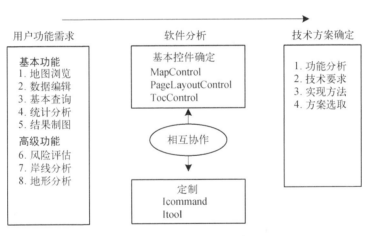

图 8-1 系统分析方法示意图

8.1.1 需求分析

(1) 行业需求

海岸侵蚀是海岸带地质灾害的主要灾种之一,近年来国内外海岸侵蚀都呈不断发展的态势,其影响日益受到重视。沿岸大量的开发活动、基础设施的建设,比如长兴岛造船基地、宝钢工业区、浦东机场、临港工业区、金山石化、漕泾化工园区、吕四大唐电厂、如东洋口港一带的开发建设,对海岸带的演变都具有重要的影响。另外,长江来沙的减少,使得侵蚀的现象也越来越明显。因此,近年来我国海洋主管部门越来越关注海岸侵蚀这一地质灾害。

《国家"十一五"海洋科学和技术发展规划纲要》重点任务之一"1. 发展海洋监测预报技术,提高海洋环境保障能力"中的"(2) 海洋环境和灾害预警报及其应急保障技术",明确提出了"重视海岸侵蚀、海水入侵和滨海湿地退化等海岸带地质灾害的预警技术研究"。

目前,各地海洋海域使用动态监测工作也已开展,其中包括卫星监测、航空监测和地面监测等几个部分,而且都具备了业务化程序。本项工作的流程、技术要求和成果要求都将与海域使用动态监视监测管理系统一致。另外,国家海洋局"908"专项也已启动开展"海洋地质灾害调查与研究"(908 - 01 - ZH2),其中包括海岸侵蚀调查。本项目的实施可与之相衔接,从而进一步深化系统集成。

长江三角洲海岸侵蚀灾害辅助决策系统将按照统一的标准进行建设,通过一致的软件界面对业务需求进行整合,在满足基本功能要求的前提下尽可能采用简捷直观的交互方式。在建设过程中,根据管理需求的变化,针对目标用户为管理决策人员的特点,进行必要的附加功能设计,让系统的使用更方便,功能更完善。

本系统旨在集成近几十年来长江三角洲海岸带调查成果,包括本项目针对重点侵蚀岸段的调查成果(见附录),以及"908"专项获取的最新资料。同时,对其进行综合分析,以海岸侵蚀及其造成的灾害为主题,借助海岸侵蚀风险评价模型和系统分析方法,为海岸带资源的保护与利用、生态安全及社会经济的可持续发展提供决策支持。

(2) 功能需求

根据行业需求和软件系统开发的"高内聚、低耦合"的原则,我们把整个系统分成多个功能模块(子系统)。各子系统可以独立完成某项特定的功能,子系统间尽可能不产生相互的依赖关系,从而使单个子系统保持较强的独立性。这样一来就能够使系统结构清晰、易用,同时便于维护和扩充。

总体上,系统的功能模块分为基本功能模块和高级功能模块。

基本功能模块由数据录入、属性编辑、用户查询、地图浏览、统计分析、专题图定制等部分构成,包括数据录入模块、数据编辑模块、地图管理模块、查询模块、统计分析模块、专题图定制模块、打印输出模块和系统帮助模块(图 8 - 2)。

图 8-2　基本功能模块示意图

高级功能模块由数据库管理、岸线演变分析、三维水下地形分析和侵蚀风险评价模块构成(图 8-3)。

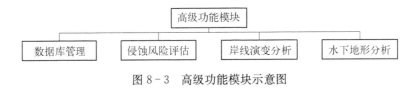

图 8-3　高级功能模块示意图

8.1.2　可行性分析

本系统利用 ESRI 公司的 Geodatabase 作为数据库模型进行数据的集成管理,在. NET 环境下采用 C♯ 开发语言和 ArcGIS Engine 二次开发工具包进行开发。

Visual Studio. NET 是 Microsoft 公司推出的一个集成开发环境(Integrated Development Environment,简称 IDE),能够用于快速生成生成控制台(console)应用程序、桌面应用程序、ASP 网络应用程序、移动应用程序和 XML 网络服务等。. NET 集成开发环境以. NET Framework 为基础,具备混合语言开发的特点,除了具备生成各种应用程序的功能外,还包含了整个软件生命周期中所需要的大部分工具,从而简化了系统解决方案的设计、开发和部署(田波,2008)。

本系统采用 ArcGIS Engine 9. 3 版本则结合 Visual Studio 2008 平台开发。其中,开发包把模版类整合到了 Visual Studio 2008. NET 的 IDE 中,从而在 Visual Studio 2008. NET 下创建定制的 Command 和 Tool 变得非常方便,包括组件类别的注册代码都是由模版类自动添加。

ArcGIS Engine 是美国 ESRI 公司推出的系列产品之一。作为先前的 GIS 组件库 ArcObjects 的一个子集,它包含了 ArcObjects 的核心功能,提供了一系列应用程序开发接口(API)和开发控件,如 MapControl、PageLayoutControl、TOCControl、SceneControl 等。用户可以基于 ArcGIS Engine 工具包开发独立应用程序或者对现有的应用程序进行扩展,为 GIS 和非 GIS 用户提供专门的空间解决方案。ArcGIS Engine 9. 3 的符号化控件、增强的控件和类库、新的扩展模和类库、新的内置命令和工具以及变化后的授权和部署,加上和 Visual Studio 的 IDE,将使系统的开发更具有优势。其中,增强的控件包括对界面控制上更灵活的 ToolbarControl;设置、读取选中图层更方便,图层拖拽顺序更容易的 TOCControl;增加了对鼠标滚轮和键盘导航支持的 MapControl 和 PageLayoutControl 等,这些都使得系统的开发更为便捷。基于 ArcGIS Engine 和 IT 技术的支持,以前复杂的 GIS 操作现在已经可以在个人数字助理(PDA),桌面乃至企业级层面上高效完成,个人和商业用户也更多地将 GIS 技术作为决策工具而引入其工作当中。

C#语言是 Microsoft 公司为 Visual Studio. NET 平台创建的关键性语言。它吸纳了其他语言(如 C++、Java、Delphi)的许多优点,其本质上是 C++的进化产物,使用了包括声明、表达式及操作符在内的许多 C++特征。但是 C#还有更多的增强功能,比如提供生成持久系统级组件的能力、对集成现有代码提供完全 COM 平台支持、通过提供垃圾回收和类型安全实现可靠性、通过提供内部代码信任机制保证安全性、完全支持可扩展元数据概念等。它作为一种精确、简单、类型安全、面向对象的语言,使程序员得以构建各种类型的应用程序。

Geodatabase 是 ArcGIS 的原生数据结构,是用于编辑和数据管理的主要数据格式。它具有表达和管理地理信息的综合信息模型,该模型被实现为一系列表格以支持要素类、栅格数据集和属性数据的存储。高级 GIS 数据对象还可以添加 GIS 行为,用于管理空间完整性的规则,以及用于处理核心要素、栅格数据和属性的大量空间关系的工具。Geodatabase 软件逻辑提供了贯穿于整个 ArcGIS 的通用应用逻辑,用于访问和处理各种文件和格式存储的所有地理数据,包括 shp 文件、CAD、TIN、grid、影像、地理标记语言(GML)和大量的其他 GIS 数据源。Geodatabase 在根本上是不同类型图形图像数据集的集合,这些数据集可以被存放在系统文件夹、Microsoft Access 数据库或者多用户关系数据库管理系统(DBMS)(如 Oracle、Microsoft SQL Server、PostgreSQL、Informix 或 IBM DB2)当中。Geodatabase 可以用来建立小型单用户数据库,也可以建立工作组、部门以及企业级更大型的多用户数据库。它有两种数据管理形式:一种是企业级地理数据库(Enterprise Geodatabase),它借助 ArcSDE 将大型关系数据库(如 Oracle)中的普通表转化为空间地理对象得以实现;一种是个人数据库(Personal Geodatabase)通过 Microsoft Jet Engine 进行连接,使用微软的 Access 数据库做底层管理,不仅实现了地理数据库从传统的文件索引型到关系型的转变,而且首次在空间数据库中引入了地理对象的概念,提供了面向对象的数据模型。其内置的属性有效性规则、高级的数据存储选项以及赋予 GIS 数据以自然行为的能力,使得 Geodatabase

既具有完善的功能又具有简单易用的优点。

8.2　总　体　设　计

8.2.1　系统目标

在对有关海岸侵蚀的多源数据实施集成管理的基础上,整合岸线变化和地形冲淤分析模型,对长江三角洲海岸侵蚀管理提供必要的分析和管理工具。在海岸侵蚀灾害环境数据库和专家干预的基础上,实现长江三角洲海岸侵蚀风险评估,为长江三角洲海岸侵蚀管理提供必要的决策支持工具。

8.2.2　数据库设计

系统涉及的数据包括行政单元、岸线、等深线、水深点、水下地形(栅格)、海图(栅格)、遥感影像等。为了便于管理和使用,我们将它们分别存储于不同的数据库实体当中,利用统一的管理和查询界面进行管理和操作。其中,数据库实体包括:水深点及等深线数据库、岸线数据库、水下地形数据库、海图数据库、遥感影像数据库、断面监测数据库和海岸侵蚀风险评价数据库。

水深点数据的属性字段主要由 OBJECTID、SHAPE、DEP、District 构成(图 8-4),各字段的要求见表 8-1。

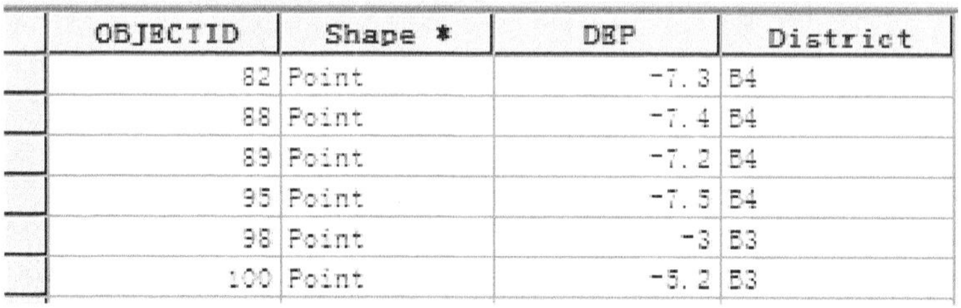

OBJECTID	Shape *	DEP	District
82	Point	-7.3	B4
88	Point	-7.4	B4
89	Point	-7.2	B4
95	Point	-7.5	B4
98	Point	-3	B3
100	Point	-5.2	B3

图 8-4　水深点数据的属性字段

表 8-1　水深点数据的属性字段要求

字　段　名	数据类型	说　　明	备　　注
OBJECTID	Object ID	—	系统生成
SHAPE	Geometry	—	系统生成
DEP	Double	水深值	用户定义
District	Text	数据所属区域	用户定义

等深线数据的属性字段除深度字段 DEP 外,其他由系统自动生成。如果需要做冲淤分析,可参照下面岸线数据的属性字段定义。

岸线分析数据库中包括岸线数据、基线数据以及岸线分析的输出结果。

其中,岸线数据的属性字段由 OBJECTID、SHAPE、ID、Date_、Uncy、SHAPE_Length 构成(图 8-5),各字段的要求见表 8-2。

OBJECTID *	SHAPE *	ID	Date_	Uncy	SHAPE_Length
1	Polyline	1	05/18/1987	10.8	37485.696739
2	Polyline	2	12/04/1990	9.7	37903.358691
3	Polyline	3	04/06/1995	8.9	38778.449154
4	Polyline	4	11/08/1998	9.6	39671.745962
5	Polyline	5	10/21/2003	10.3	41747.444005
6	Polyline	6	04/20/2006	8.5	42262.042178

图 8-5　岸线数据的属性字段

表 8-2　岸线数据的属性字段要求

字　段　名	数 据 类 型	说　　明	备　　注
OBJECTID	Object ID	—	系统生成
SHAPE	Geometry	—	系统生成
ID	Integer	岸线编号	用户定义
Date_	Text	岸线日期	用户定义
Uncy	Double	岸线误差	用户定义
SHAPE_Length	Double	—	系统生成

基线数据的属性字段由 OBJECTID、SHAPE、ID、Offshore、SHAPE_Length 构成(图 8-6),各字段的要求见表 8-3。

OBJECTID	SHAPE *	ID	Offshore	SHAPE_Length
1	Polyline	1	1	33012.690743

图 8-6　基线数据的属性字段

表 8-3　基线数据的属性字段要求

字　段　名	数 据 类 型	说　　明	备　　注
OBJECTID	Object ID	—	系统生成
SHAPE	Geometry	—	系统生成
ID	Integer	基线编号	用户定义
Offshore	Integer	取值 0 或 1,分别代表基线位于岸线的向陆一侧或向海一侧	用户定义
SHAPE_Length	Double	—	系统生成

岸线分析输出结果包括断面（垂直断面或正交断面）、交点数据表、变化率数据表；保存路径为用户指定 Geodatabase 数据库。

垂直断面和正交断面输出为要素类（Feature Class），属性表见图 8－7。其中，字段 BaselineID、TransID、AutoGen、Azimuth 分别为断面对应的基线ID、断面 ID、是否为程序自动生成（值取为 1）或用户自定义（值取为 0）、方位角。正交断面的方位角填充为空值（<Null>）。

OBJECTID *	Shape *	BaselineID	TransID	AutoGen	Azimuth	Shape_Length
1	Polyline	1	1	1	15.765633	5999.99998
2	Polyline	1	2	1	10.935204	6000.000029
3	Polyline	1	3	1	12.381709	6000.000028
4	Polyline	1	4	1	6.85585	5999.999973
5	Polyline	1	5	1	3.938827	6000.000049
6	Polyline	1	6	1	17.19533	5999.999958
7	Polyline	1	7	1	29.498004	5999.999983

图 8－7　垂直断面属性表

断面与岸线的交点保存为表格数据（Table），见图 8－8。其中，字段 TransID、BaselineID、ShorelineID、Distance、X、Y 分别为交点对应的断面 ID、基线 ID、岸线/等深线日期、到基线的距离、x 坐标、y 坐标。

OBJECTID *	TransID	BaselineID	ShorelineID	Distance	X	Y
1	2	1	04/20/2006	2922.237293	390620.0622	3499005.3414
2	3	1	04/20/2006	2862.382615	391658.7846	3498729.833
3	2	1	10/21/2003	2624.050002	390563.4964	3498712.5685
4	4	1	04/20/2006	2807.239354	392361.1584	3498527.3727
5	2	1	11/08/1998	2368.017657	390514.9274	3498461.1851
6	3	1	10/21/2003	2534.274574	391588.4305	3498409.3565
7	3	1	04/20/2006	2593.032654	391590.3611	3498233.3611
8	3	1	11/08/1998	2354.472202	391549.8766	3498233.7362

图 8－8　交点数据表

求得的岸线变化率保存为表格数据（Table），见图 8－9。其中，字段 TransID、EPR、LRR、LR2、LSD、LCI99、WLR、WR2、WSD、WCI99 分别为变化率对应的断面 ID、端点法（EPR）求得的变化率、线形回归法（LRR）求得的变化率、线性回归法的 r^2、线性回归法的估计标准差、线性回归法的置信水平（用户指定参数）为 99% 的斜率标准差、加权线形回归法（WLR）求得的变化率、加权线性回归法的 r^2、加权线性回归法的估计标准差、加权线性回归法的

OBJECTID *	TransID	EPR	LRR	LR2	LSD	LCI95	WLR	WR2	WSD	WCI95
1	1	79.917088	78.454344	.905563	141.591148	206.636593	75.601313	.900137	14.40462	340.429236
2	2	111.020493	111.039463	.967456	167.038498	29.060415	111.017363	.965067	17.090795	61.80237
3	3	107.948095	103.645966	.961649	169.767242	29.529931	103.079268	.960869	17.61.9866	60.942598
4	4	106.460421	100.460421	.965901	166.932987	99.488343	99.967411	15.458425	53.470547
5	5	94.732623	86.407426	.947649	166.574652	28.965943	84.802689	.949201	16.61.7241	57.469509
6	6	72.041263	64.622633	.947649	167.73072	29.154314	62.098823	.908221	16.720969	57.818399
7	7	52.150000	47.867529	.778492	209.430921	36.383946	43.879678	.752022	21.34306	73.785654
8	8	43.171087	41.300537	.601278	168.696509	29.3088	38.010722	.775580	17.31.9128	59.875594
9	9	22.857316	23.541096	.824651	189.035185	15.469677	22.683345	.817174	9.068025	31.851082

图 8－9　变化率数据表

置信水平（用户指定参数）为 99% 的斜率标准差。具体计算方法 EPR、LRR、WLR 为多选参数，由用户指定。

8.2.3　功能设计

系统基本功能和高级功能的详细结构分别如图 8-10 和 8-11 所示。

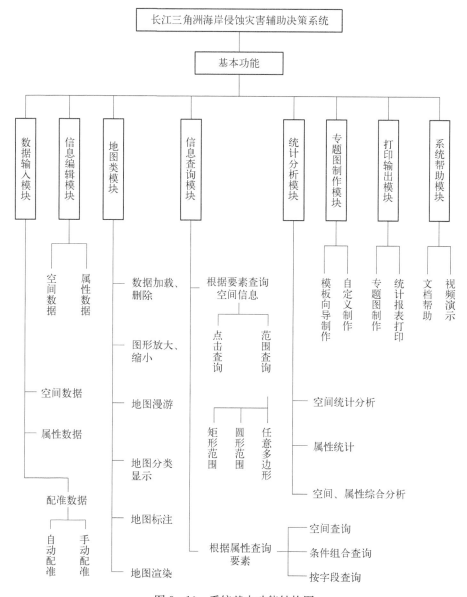

图 8-10　系统基本功能结构图

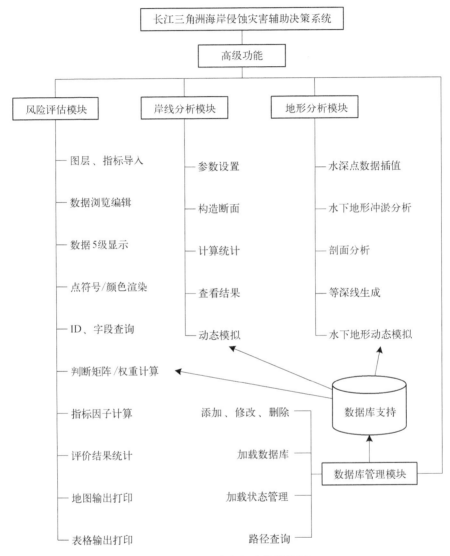

图 8 - 11　系统高级功能结构图

8.2.4　接口设计

系统基本功能主要从数据库中直接读取数据,进行相应的分析和输出。高级功能由四个独立模块(子系统)构成(图 8 - 11):数据库管理模块、岸线分析模块、地形分析模块和风险评估决策分析模块。四个模块自成体系又紧密耦合,实现了多源数据的集成管理,横向(岸线)到纵向(地形)、二维到三维的冲淤演变分析,海岸侵蚀风险评估及决策分析功能。其中,数据库集成管理模块除了基本的数据库管理功能之外,还为另外三个模块提供数据的存取功能。水下地形演变分析模块所输出的等深线可以进一步利用岸线演变分析模块加以分析。水下地形演变分析和岸线演变分析模块的结果又可以用来为风险评估和决策分析提供服务。系统总体和各子系统内部的功能接口见下图(图 8 - 12,8 - 13)。

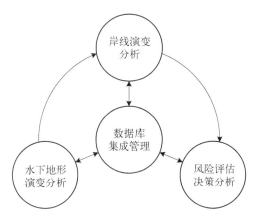

图 8 - 12   系统总体接口

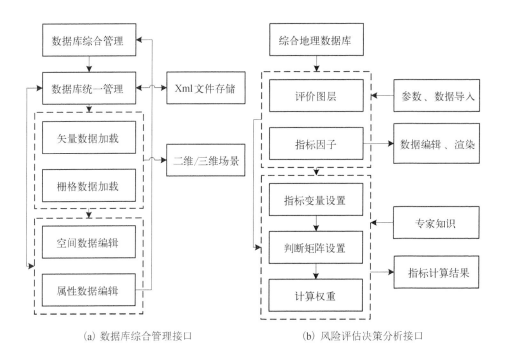

(a) 数据库综合管理接口   (b) 风险评估决策分析接口

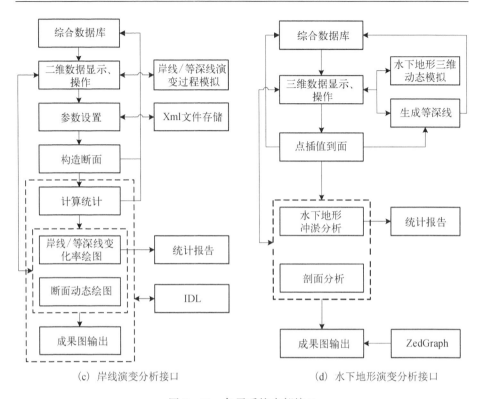

（c）岸线演变分析接口　　　　　　　（d）水下地形演变分析接口

图 8 - 13　各子系统内部接口

8.2.5　界面设计

根据功能需求和功能设计,本着易于操作和使用的原则,系统的界面设计为由菜单、工具栏、控制窗口、数据窗口、功能面板、地图窗口、图例窗口、状态栏等构成(如图 8 - 14)。而系统的四大功能模块连同其他基本功能被集成为四个部分,分别以选项卡的形式进行组织,从左到右依次为风险评估、二维场景、三维场景和数据库管理。

数据库管理界面存放系统数据库和常用数据库的相关信息,方便用户管理和加载数据。

二维场景中,用户可以加载矢量及栅格数据并进行二维浏览、渲染标注和打印输出,以及进行岸线演变分析、模拟岸线演变过程等操作。

三维场景的主要功能有三维数据显示、浏览和三维水下地形分析等,数据可以直接从二维场景中传递到三维场景。

风险评估界面集成了海岸侵蚀风险评价模型,功能命令选项从上到下按照风

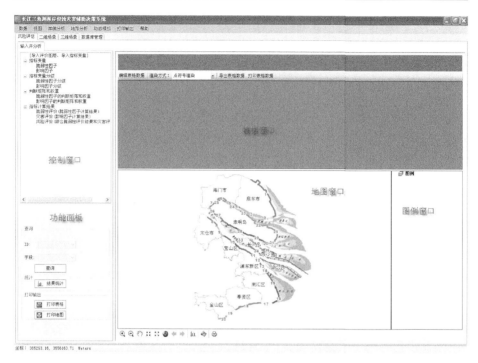

图 8 - 14　系统主界面

险评估的流程"输入变量→变量统计分级→根据专家打分录入判断矩阵→计算权重→生成评价结果"依次放置,每一步都以可视化图表的形式与用户交互完成。

系统界面的布局力求达到框架清晰、界面友好的要求。例如风险评估界面在指标变量、指标变量分级、判断矩阵和因子计算结果统一采用了同一个数据存储和显示(5 级渲染)的接口,同时根据不同数据的特征又有专门的处理和操作方式。这样的设计大大降低了编码和界面的复杂性,为管理和操作数据提供了方便,也保证了代码的重用性,符合面向对象程序设计(Object-Oriented Programming,简称 OOP)的要求。

在系统界面的处理上,关键是如何有效地进行窗体间的数据传递和事件响应,包括主窗体与子窗体间,子窗体与子窗体间的传递和响应。解决方法有多种,如使用静态类、委托、构造函数等。基于安全性的考虑,本系统主要采用了委托和静态类以下两种方法。

1) 委托方法(窗体间):定义一个与窗体 1、窗体 2 平级的全局代理,在窗体 1 中定义一个回调函数,在窗体 2 的构造函数中获得这个代理。

2) 静态类方法(主窗体与子窗体间):在主窗体类中定义一个静态成员,来保存当前主窗体对象,以便子窗体中调用其控件。子窗体调用时,通过"主窗体类名. pMinWin"的方式,在其构造函数中给静态成员初始化。

8.3 系 统 实 施

系统的开发采取了分步骤、分阶段实施的方式,主要分为界面设计、菜单定制、地图管理、信息查询、统计分析、地图打印、数据库管理、风险评估及决策分析、岸线演变分析、三维水下地形分析等部分。

下面对系统的四个主要功能面板分别进行描述,以展示总体的实施情况。

(1) 数据库管理

数据库管理的前提是数据的录入和数据库的建设。空间数据的录入通过对现有数据处理、整理、栅格数据的矢量化和导入等操作步骤来实现。非空间数据和属性信息的录入直接由外部数据库导入或手工编辑处理等方法录入。所有操作都借助 ArcGIS 软件完成。外部数据的导入过程如图 8 - 15 所示。

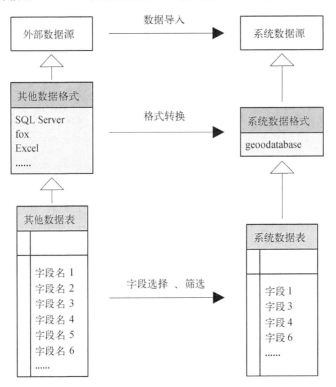

图 8 - 15 外部数据的录入

系统同样提供了非空间数据的管理功能,主要涉及风险评估中指标变量、指标变量分级、判断矩阵等数据的编辑、修改、保存、更新以及查询、导出为 excel 表等功能。同时也提供了非空间数据与空间数据的连接功能,用户可以根据数据自身的特点自由选择图形的渲染方式。

　　系统提供了统一的数据库管理界面。如图 8 - 16 所示,用户可以添加、修改、删除数据库文件记录,如果目标数据库被移动或修改,"路径检查"功能将自动给出提示。通过单选或多选数据库可以加载单个数据库或多个数据库的所有文件到二维场景的地图窗口。

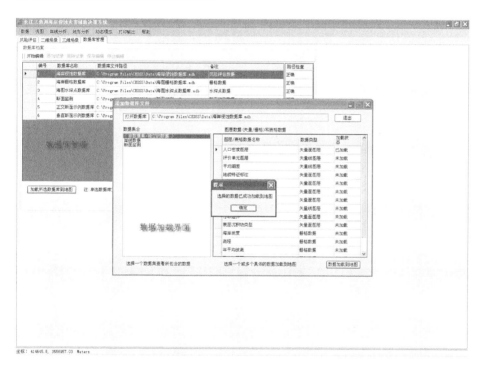

图 8 - 16　数据库管理界面

（2）三维场景

　　三维场景面板主要是进行三维可视化和地形分析的界面,主要功能有以下几点。

　　1）水深点数据插值：对数字化海图得到的水深点数据进行插值,获取研究区水下地形 DEM 数据,为进一步水下地形的三维可视化和其他分析提供基础。

　　2）水下地形冲淤分析：对任意两个时相的水下地形数据进行冲淤分析,获取指定研究区域的冲淤变化情况,并以图形和文本的形式输出相关分析结果,包括研究区淤积量、冲刷量、净冲淤量、淤积面积、冲刷面积、未变化面积等。

　　3) 剖面分析:动态绘制多时相三维地形剖面。

　　4) 生成等深线:根据指定的间隔或者深度生成对应的等深线。

　　5) 水下地形演变三维动态显示:动态显示多时相三维水下地形的时空演变情况。

　　地形分析结果需要在三维场景的地图窗口中加以展示,因此需要首先加载相应的数据到二维场景,然后在二维场景中可以选择将任意或全部图层直接传递到三维场景中。在三维场景中可以选择高程拉伸或渲染功能来进行三维可视化表达,如图 8-17 所示。

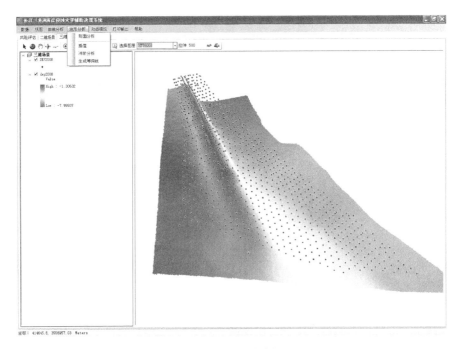

图 8-17　三维场景分析界面

　　其中,插值、冲淤分析、生成等深线通过更为灵活和易用的方式实现了 ArcGIS 软件本身具有的功能,如冲淤分析可以由用户指定研究区域,生成等深线可以由用户指定深度等。此外,剖面分析可以完成科研和工程应用中常规的岸滩断面选取分析功能。主要功能包括多时相单剖面模式和单时相多剖面模式,如图 8-18。水下地形演变的三维动态显示可以展示地形随时间的变化情况,如图 8-19 所示。这些工具都有助于海岸侵蚀管理工作者在决策中使用。

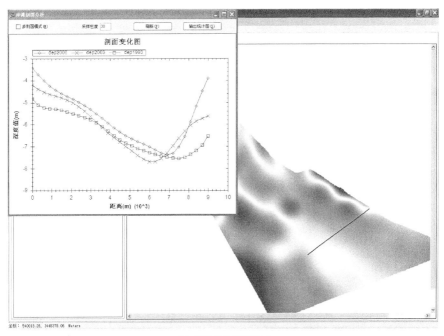

(a) 多时相单剖面模式

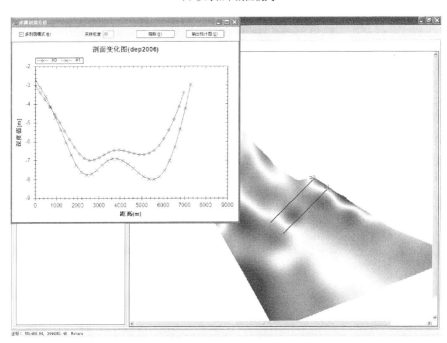

(b) 多剖面模式

图 8-18 剖面分析窗口

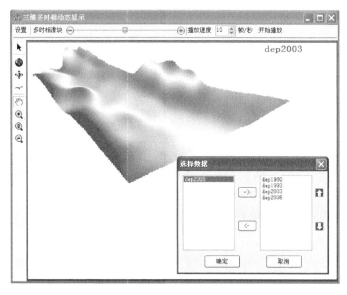

图 8-19　三维地形多时相动态显示窗口

（3）二维场景

二维场景主要完成两方面的功能：基本地图浏览，包括地图加载、放大、缩小、漫游、渲染、打印、向三维场景传递数据等（图 8-20）和岸线演变分析。

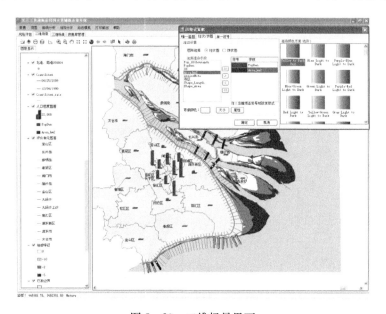

图 8-20　二维场景界面

岸线演变分析功能主要包括以下几点。

　　1）参数设置：设置岸线/等深线分析参数。

　　2）构造断面：根据所设置的具体参数生成垂直断面或正交断面。

　　3）计算统计：设置计算统计参数、选择计算方法。计算每条断面上各年份岸线到基线的距离，并根据所选计算方法和参数，统计分析出每条断面上的岸线/等深线变化率和对应 r^2、估计标准差、斜率标准差等统计量（见8.2.2数据库设计）。

　　4）查看结果：以折线图的形式查看所选各种计算方法得到的岸线/等深线变化率，并与地图关联、生成分析报告（图8-21）；以二维表的形式查看所有计算方法得到的计算结果，图形显示每条断面的回归分析情况，并与地图关联显示。

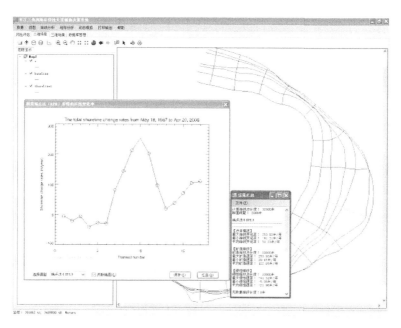

图8-21　岸线变化分析界面

　　5）岸线演变过程模拟：将岸线的演变过程在地图窗口中动态模拟（图8-22）。

（4）风险评估

　　风险评估模块是本系统的核心功能，用户可以在一致性的界面中可视化地完成从基础评价图层和指标变量的导入、指标变量的分级、判断矩阵的建

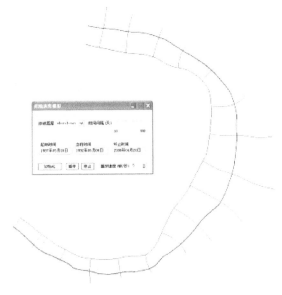

图 8-22　岸线演变过程模拟

立、评价因子权重的计算到评价结果的生成等风险评价的整个过程(图 8-23)。同时还可以进行数据编辑、导出表格数据为 excel 格式、结果统计、地图和数据表的打印等操作。该模块将计算权重的层次分析法(AHP)集成进 GIS

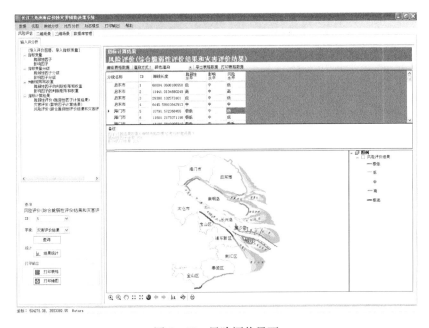

图 8-23　风险评价界面

环境中,并以交互的方式允许用户根据专家知识修正判断矩阵(见图 8 - 24),提升了风险评价的直观性和易操作性,为决策分析提供了方便。

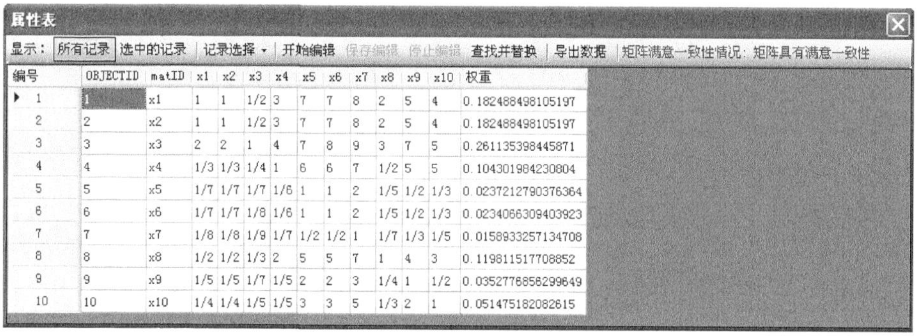

编号	OBJECTID	matID	x1	x2	x3	x4	x5	x6	x7	x8	x9	x10	权重
1	1	x1	1	1	1/2	3	7	7	8	2	5	4	0.182488498105197
2	2	x2	1	1	1/2	3	7	7	8	2	5	4	0.182488498105197
3	3	x3	2	2	1	4	7	8	9	3	7	5	0.261135398445871
4	4	x4	1/3	1/3	1/4	1	6	6	7	1/2	5	5	0.104301984230804
5	5	x5	1/7	1/7	1/7	1/6	1	1	2	1/5	1/2	1/3	0.0237212790376364
6	6	x6	1/7	1/7	1/8	1/6	1	1	2	1/5	1/2	1/3	0.0234066309403923
7	7	x7	1/8	1/8	1/9	1/7	1/2	1/2	1	1/7	1/3	1/5	0.0158933257134708
8	8	x8	1/2	1/2	1/3	2	5	5	7	1	4	3	0.119811517708852
9	9	x9	1/5	1/5	1/7	1/5	2	2	3	1/4	1	1/2	0.0352778858299649
10	10	x10	1/4	1/4	1/5	1/3	3	3	5	1/3	2	1	0.051475182082615

图 8 - 24　判断矩阵编辑窗口

参 考 文 献

白世彪,陈晔,王建.2002.等值线绘图软件 surfer7.0 中九种插值法介绍[J].
　　物探化探计算技术,24(2)：157－162.

曹云刚.2007.基于分形理论的 DEM 数据内插算法研究[J].微计算机信息,
　　(24)：184－185.

陈基炜,梅安新,袁江红.2005.从海岸滩涂变迁看上海滩涂土地资源的利用
　　[J].上海地质,(1)：18－20,28.

陈吉余,陈沈良.2003.长江口生态环境变化及对河口治理的意见[J].水利水
　　电技术,34(1)：19－25.

陈吉余.1957.长江三角洲江口段的地形发育[J].地理学报,23(3)：241－253.

陈吉余.1996.中国河口海岸研究回顾与展望[J].华东师范大学学报(自然科
　　学版),(1)：1－5.

陈沈良,严肃庄,李玉中.2009.长江口及其邻近海域表层沉积物分布特征[J].
　　长江流域资源与环境,18(2)：152－156.

陈子澎,彭认灿,刘国辉,等.2006.Shape 格式数字海图自动更新技术研究[J].
　　海洋测绘,26(3)：62－64,67.

程江,杨凯,赵军,等.2009.基于生态服务价值的上海土地利用变化影响评价
　　[J].中国环境科学,29(1)：95－100.

崔步礼,常学礼,陈雅琳,等.2007.黄河口海岸线遥感动态监测[J].测绘科学,
　　32(3)：108－109,119.

杜景龙,姜俐平,杨世伦.2007.长江口横沙东滩近 30 年来自然演变及工程影
　　响的 GIS 分析[J].海洋通报,26(5)：43－48.

范开国,傅斌,黄韦艮,等.2009.浅海水下地形的 SAR 遥感仿真研究[J].海洋
　　学研究,27(2)：79－83.

丰爱平,夏东兴.2003.海岸侵蚀灾情分级[J].海岸工程,22(2)：60－66.

付桂,李九发,戴志军,等.2007.长江口南汇咀岸滩围垦工程潮流数值模拟研
　　究[J].海洋湖沼通报,(4)：47－54.

高占国,张利权.2006.上海盐沼植被的多季相地面光谱测量与分析[J].生态
　　学报,26(3)：793－800.

龚士良.2008.上海地面沉降影响因素综合分析与地面沉降系统调控对策研究
　　[D].上海：华东师范大学：133.

郭永盛,许学工,范兆木,等.1992.黄河口区域演变的预测研究[J].海洋学报,
　　14(3)：95－104.

哈长伟,陈沈良,张文祥,等.2009.江苏吕四海岸沉积动力特征及侵蚀过程
　　[J].海洋通报,28(3)：53－61.

韩震.2004.海岸带淤泥质潮滩和Ⅱ类水体悬浮泥沙遥感信息提取与定量反演
　　研究[D].上海：华东师范大学：121.

何庆成,张波,李采.2006.基于RS、GIS集成技术的黄河三角洲海岸线变迁研
　　究[J].中国地质,33(5)：1118－1123.

何小勤,戴雪荣,刘清玉,等.2004.长江口崇明东滩现代地貌过程实地观测与
　　分析[J].海洋地质与第四纪地质,24(2)：23－27.

胡刚,刘健,时连强,等.2009.长江河口岸滩侵蚀与防护[J].海洋地质与第四
　　纪地质,29(6)：9－15.

胡刚,沈焕庭,庄克琳,等.2007.长江河口岸滩侵蚀演变模式[J].海洋地质与
　　第四纪地质,27(1)：13－21.

黄鹄,胡自宁,陈新庚,等.2006.基于遥感和GIS相结合的广西海岸线时空变
　　化特征分析[J].热带海洋学报,25(1)：66－70.

黄华梅,张利权,袁琳.2007.崇明东滩自然保护区盐沼植被的时空动态[J].生
　　态学报,27(10)：4166－4172.

纪翠玲,池天河,齐清文.2005.黄土高原地貌形态分形算法三维表达应用[J].
　　地球信息科学,7(4)：127－130,F0003.

季荣耀,罗宪林,陆永军,等.2007.海南岛海岸侵蚀特征及主因分析[C]//第十
　　三届中国海洋(岸)工程学术讨论会论文集.北京：海洋出版社.374－377.

季子修.1996.中国海岸侵蚀特点及侵蚀加剧原因分析[J].自然灾害学报,
　　5(2)：65－75.

季子修,蒋目巽,朱季文,等.1993.海平面上升对长江三角洲和苏北滨海平原
　　海岸侵蚀的可能影响[J].地理学报,48(6)：516－526.

季子修,蒋自巽,朱季文,等.1994.海平面上升对长江三角洲附近沿海潮滩和
　　湿地的影响[J].海洋与湖沼,25(6)：582－590.

况润元,周云轩,李行,等.2009.崇明东滩鸟类生境适宜性空间模糊评价[J].
　　长江流域资源与环境,18(3)：229－233.

李兵,蔡锋,曹立华,等.2009.福建砂质海岸侵蚀原因和防护对策研究[J].台

湾海峡,28(2):156－162.

李从先,王平,范代读,等.2000.布容法则及其在中国海岸上的应用[J].海洋地质与第四纪地质,20(1):87－91.

李恒鹏,杨桂山.2001a.长江三角洲与苏北海岸动态类型划分及侵蚀危险度研究[J].自然灾害学报,10(4):20－25.

李恒鹏,杨桂山.2001b.基于 GIS 的淤泥质潮滩侵蚀堆积空间分析[J].地理学报,56(3):278－286.

李九发,戴志军,应铭,等.2007.上海市沿海滩涂土地资源圈围与潮滩发育演变分析[J].自然资源学报,22(3):361－371.

李明,杨世伦,李鹏,等.2006.长江来沙锐减与海岸滩涂资源的危机[J].地理学报,61(3):282－288.

李鹏,杨世伦,戴仕宝,等.2007.近 10 年来长江口水下三角洲的冲淤变化——兼论三峡工程蓄水的影响[J].地理学报,62(7):707－716.

李行,张连蓬,姬长晨,等.2014.基于遥感和 GIS 的江苏省海岸线时空变化研究[J].地理研究,33(3):414－426.

李旭涛,曹汉强,赵鸿燕.2003.分形布朗运动模型及其在地形分析中的应用[J].华中科技大学学报:自然科学版,31(5):50－52.

李志强,陈子燊.2003.砂质岸线变化研究进展[J].海洋通报,22(4):77－86.

梁俊,王琪,刘坤良,等.2005.基于随机中点位移法的三维地形模拟[J].计算机仿真,22(1):213－215,223,240.

刘杜娟,叶银灿.2005.长江三角洲地区的相对海平面上升与地面沉降[J].地质灾害与环境保护,16(4):400－404.

刘红,何青,Weltje G J,等.2011.长江入海泥沙的交换和输移过程——兼论泥质区的"泥库"效应[J].地理学报,66(3):291－304.

刘红,何青,王亚,等.2012.长江河口悬浮泥沙的混合过程[J].地理学报,67(9):1269－1281.

陆娟,王建,石丽.2003.基于 GIS 和分形理论的海岸线模拟方法研究[J].中国图象图形学报(A 辑),8(6):692－696.

路兵,蒋雪中.2013.滩涂围垦对崇明东滩演化影响的遥感研究[J].遥感学报,17(2):337－351.

栾元重,范玉红,王永,等.2006.塌陷区地形分形生成方法与应用[J].地球信息科学,8(4):111－116.

罗深荣.2003.侧扫声纳和多波束测深系统在海洋调查中的综合应用[J].海洋

测绘,23(1):22-24.

茅志昌,郭建强,虞志英,等.2008b.杭州湾北岸岸滩冲淤分析[J].海洋工程,26(1):108-113.

茅志昌,武小勇,赵常青,等.2008a.长江口北港拦门沙河段上段演变分析[J].泥沙研究,(2):41-46.

孟翊,程江.2005.长江口北支入海河段的衰退机制[J].海洋地质动态,21(1):1-10.

闵凤阳,汪亚平,高建华,等.2010.长江口北支的沉积物输运趋势[J].海洋通报,29(3):264-270.

庞仁松,潘少明,王安东.2011.长江口泥质区18♯柱样的现代沉积速率及其环境指示意义[J].海洋通报,30(3):294-301.

钱春林.1994.引滦工程对滦河三角洲的影响[J].地理学报,49(2):158-166.

秦大河,丁一汇,苏纪兰,等.2005.中国气候与环境演变评估(I):中国气候与环境变化及未来趋势[J].气候变化研究进展,1(1):4-9.

秦忠宝,房亚东,赵锋,等.2004.用fBm法生成山脉地形的真实感图形的方法[J].计算机工程与应用,40(32):33-35,50.

邱若峰,杨燕雄,庄振业,等.2009.河北省沙质海岸侵蚀灾害和防治对策[J].海洋湖沼通报,(2):162-168.

任美锷,许廷官,朱季文.1986.江苏省海岸带和海涂资源综合调查报告[M].北京:海洋出版社:517.

任明达,柳林,王安龙.1990.粉砂淤泥质潮滩的多波段与多时相卫片解译[J].海洋学报(中文版),12(6):741-748.

沈芳,郜昂,吴建平,等.2008.淤泥质潮滩水边线提取的遥感研究及dem构建——以长江口九段沙为例[J].测绘学报,(01).

沈焕庭,胡刚.2006.河口海岸侵蚀研究进展[J].华东师范大学学报(自然科学版),(6):1-8.

盛静芬,朱大奎.2002.海岸侵蚀和海岸线管理的初步研究[J].海洋通报,21(4):50-57.

施雅风,朱季文,谢志仁,等.2000.长江三角洲及毗连地区海平面上升影响预测与防治对策[J].中国科学(D辑)30(3):225-232.

时钟.2000.长江口细颗粒泥沙过程[J].泥沙研究,6:72-81.

宋永港,朱建荣,吴辉.2011.长江河口北支潮位与潮差的时空变化和机理[J].华东师范大学学报(自然科学版),(6):10-19.

孙清,张玉淑,胡恩和,等. 1997. 海平面上升对长江三角洲地区的影响评价研究[J]. 长江流域资源与环境,6(1):58-64.

田波. 2008. 面向对象的滩涂湿地遥感与 GIS 应用研究[D]. 上海:华东师范大学:113.

田庆久,王晶晶,杜心栋. 2007. 江苏近海岸水深遥感研究[J]. 遥感学报,11(3):373-379.

万晔,李吉均,刘勇,等. 2008. "退耕还林"对水土保持的作用剖析——以长江上游重点水土保持区为例[J]. 资源环境与发展,(1):2-8.

王文海,李福林. 1991. 试论我国海岸侵蚀信息系统的建立[J]. 海岸工程,10(4):24-30.

王文海,吴桑云,陈雪英. 1999. 海岸侵蚀灾害评估方法探讨[J]. 自然灾害学报,8(1):71-77.

王文介. 1989. 中国海岸近期侵蚀问题[J]. 热带海洋,8(4):100-107.

王颖. 2012. 中国区域海洋学——海洋地貌学[M]. 北京:海洋出版社:676.

王颖,吴小根. 1995. 海平面上升与海滩侵蚀[J]. 地理学报,50(2):118-127.

邬伦,刘瑜,张晶,等. 2001. 地理信息系统——原理、方法和应用[M]. 北京:科学出版社:446.

吴华林. 2001. 器测时期以来长江河口泥沙冲淤及其入海通量研究[D]. 上海:华东师范大学:135.

吴小根,王爱军. 2005. 人类活动对苏北潮滩发育的影响[J]. 地理科学,25(5):614-620.

夏东兴,王文海. 1993. 中国海岸侵蚀述要[J]. 地理学报,48(5):468-476.

肖高逾,周源华. 2000. 基于分形插值的地貌生成技术[J]. 上海交通大学学报,34(5):705-707.

邢飞,汪亚平,高建华,等. 2010. 江苏近岸海域悬沙浓度的时空分布特征[J]. 海洋与湖沼,41(3):459-468.

徐钢,陈吉余. 1997. 海岸带灾害预警系统的构想[J]. 华东师范大学学报:自然科学版,1:77-82.

许全喜,陈松生,熊明,等. 2008. 嘉陵江流域水沙变化特性及原因分析[J]. 泥沙研究,(2):1-8.

杨世伦. 2003. 海岸环境和地貌过程导论[M]. 北京:海洋出版社:240.

杨世伦,杜景龙,郜昂,等. 2006. 近半个世纪长江口九段沙湿地的冲淤演变[J]. 地理科学,26(3):335-339.

杨世伦,李明.2009.长江入海泥沙的变化趋势与上海滩涂资源的可持续利用[J].海洋学研究,27(2):7-15.

杨世伦,时钟,赵庆英.2001.长江口潮沼植物对动力沉积过程的影响[J].海洋学报,23(4):75-80.

杨世伦,朱骏,李鹏.2005.长江口前沿潮滩对来沙锐减和海面上升的响应[J].海洋科学进展,23(2):152-158.

杨同军,王义刚,黄惠明,等.2013.我国东部沿海地区理论最低潮面与平均潮差关系研究[J].海洋与湖沼,44(3):557-562.

尹明泉,李采.2006.黄河三角洲河口段海岸线动态及演变预测[J].海洋地质与第四纪地质,26(6):35-40.

袁庆.2011.长江口的河口海岸数据服务一体化系统关键技术研究[D].上海:华东师范大学:81.

恽才兴.1983.长江河口潮滩冲淤和滩槽泥沙交换[J].泥沙研究,(4):43-52.

恽才兴,蔡孟裔,王宝全.1981.利用卫星象片分析长江入海悬浮泥沙扩散问题[J].海洋与湖沼,12(5):391-401,479-481.

恽才兴,胡嘉敏.1982.遥感技术在河口海岸研究中的应用[J].海洋通报,(2):61-70.

张靖.2008.GIS空间内插方法与应用研究[D].呼和浩特:内蒙古师范大学:58.

赵庆英,杨世伦,王海波.2001.长江口南槽季节性冲淤变化及其对河流入海水沙响应关系的初步研究[J].上海地质,(B12):3-6.

郑宗生,周云轩,蒋雪中,等.2007.崇明东滩水边线信息提取与潮滩dem的建立[J].遥感技术与应用,(01).

郑宗生,周云轩,刘志国,等.2008.基于水动力模型及遥感水边线方法的潮滩高程反演[J].长江流域资源与环境,17(5):756-760.

朱晓华,查勇,陆娟.2002a.海岸线分维时序动态变化及其分形模拟研究——以江苏省海岸线为例[J].海洋通报,21(4):37-43.

朱晓华,潘亚娟.2002b.GIS支持的海岸类型分形判定研究[J].海洋通报,21(2):49-54.

庄克琳,李广雪.1999.海岸演化数值模拟研究进展[J].海洋地质动态,(2):1-3.

左书华,李九发,陈沈良.2006.海岸侵蚀及其原因和防护工程浅析[J].人民黄河,28(1):23-25,41.

Aarninkhof S G J, Caljouw M, Stive M J F. 2000. Video-based, quantitative assessment of intertidal beach variability[C]//Proceedings of the 27th International Conference on Coastal Engineering (ICCE 2000), ASCE. Sydney: 3291 - 3304.

Abuodha P A. 2009. Application and evaluation of shoreline segmentation mapping approaches to assessing response to climate change on the Illawarra Coast, South East Australia[D]. Wollongong: University of Wollongong: 306.

Addo K A. 2013. Shoreline morphological changes and the human factor: case study of Accra Ghana[J]. Journal of Coastal Conservation, 17(1): 85 - 91.

Al Fugura A K, Billa L, Pradhan B. 2011. Semi-automated procedures for shoreline extraction using single RADARSAT - 1 SAR image[J]. Estuarine, Coastal and Shelf Science, 95(4): 395 - 400.

Ali T A. 2003. New methods for positional quality assessment and change analysis of shoreline features [D]. Columbus: The Ohio State University: 156.

Alter S. 2004. A work system view of DSS in its fourth decade[J]. Decision Support Systems, 38(3): 319 - 327.

Andersen R. 2003. Mike info coast — a GIS-based tool for coastal zone management[M]//D R Green, S D King. Coastal and Marine Geo-Information Systems. Netherlands: Springer: 467 - 472.

Andrews B, Gares P A, Colby J D. 2002. Techniques for GIS modeling of coastal dunes[J]. Geomorphology, 48(1 - 3): 289 - 308.

Anfuso G, del Pozo J A M, Nachite D, et al. 2007. Morphological characteristics and medium-term evolution of the beaches between Ceuta and Cabo Negro (Morocco)[J]. Environmental Geology, 52 (5): 933 - 946.

Anfuso G, Del Pozo J A M. 2009. Assessment of coastal vulnerability through the use of GIS Tools in South Sicily (Italy)[J]. Environmental Management, 43(3): 533 - 545.

Arias Morán C A. 2003. Spatio-temporal analysis of Texas shoreline changes using GIS technique[D]. College Station: Texas A&M University: 117.

Bagli S, Soille P. 2003. Morphological automatic extraction of pan-European coastline from Landsat ETM + images[C]//Proceedings of the Fifth International Symposium on GIS and Computer Cartography for Coastal Zone Management: 58 – 59.

Bakker W T. 1968. The dynamics of a coast with a groin system[C]// Proceedings of the 11th Conference on Coastal Engineering, ASCE. New York: 492 – 517.

Bartlett D J. 2000. Working on the frontiers of science: applying GIS to the coastal zone [M]//D J Wright, D J Bartlett. Marine and coastal geographical information systems. London: Taylor & Francis, Inc. : 11 – 24.

Bartlett D, Devoy R, McCall S, et al. 1997. A dynamically segmented linear data model of the coast[J]. Marine Geodesy, 20(2): 137 – 151.

Bartley J D, Buddemeier R W, Bennett D A. 2001. Coastline complexity: a parameter for functional classification of coastal environments[J]. Journal of Sea Research, 46(2): 87 – 97.

Batalla R J, Gómez C M, Kondolf G M. 2004. Reservoir-induced hydrological changes in the Ebro River basin (NE Spain)[J]. Journal of Hydrology, 290(1 – 2): 117 – 136.

Bedard J H, List J H, Sallenger A H, et al. 1997. Accelerated relative sea-level rise and rapid coastal erosion: testing a causal relationship for the Louisiana barrier islands[J]. Marine Geology, 140(3): 347 – 365.

Berger A R, Iams W J. 1996. Geoindicators: assessing rapid environmental changes in earth systems[M]. Rotterdam: A. A. Balkema: 466.

Bi X L, Wenb X H, Yi H P, et al. 2014. Succession in soil and vegetation caused by coastal embankment in southern Laizhou Bay, China-Flourish or degradation? [J]. Ocean & Coastal Management, 88: 1 – 7.

Bird E C F. 1984. Coasts: an introduction to coastal geomophology[M]. Oxford: Basil Blackwell: 320.

Bird E C F. 1985. Coastline changes: a global review[M]. Chichester: John Wiley & Sons: 219.

Blazek R. 2005. Introducing the linear reference system in GRASS[J]. International Journal of Geoinformatics, 1(3): Retrieved 2007 – 2005 –

2001.

Blum M D, Roberts H H. 2009. Drowning of the Mississippi Delta due to insufficient sediment supply and global sea-level rise [J]. Nature Geoscience, 2(7): 488 – 491.

Boak E H, Turner I L. 2005. Shoreline definition and detection: a review [J]. Journal of Coastal Research, 21(4): 688 – 703.

Bruun P. 1954. Coast erosion and the development of beach profiles[R]. Technical Memorandum No. 44. Beach Erosion Board, U. S. Army Corps of Engineers.

Bruun P. 1962. Sea-level rise as a cause of shore erosion[J]. American Society Civil Engineering, Journal of the Waterways and Harbors Division, 88(1 – 3): 117 – 130.

Buddemeier R W. 1996. Groundwater flux to the ocean: definitions, data, applications, uncertainties [M]//R W Buddemeier. Groundwater Discharge in the Coastal Zone: Proceedings of an International Symposium. LOICZ Reports Studies no. 8. Netherlands: LOICZ: 16 – 21.

Burgess K, Jay H, Hosking A. 2004. Futurecoast: predicting the future coastal evolution of England and Wales [J]. Journal of Coastal Conservation, 10(1): 65 – 71.

Byrnes M R, McBride R A, Hiland M W. 1991. Accuracy standards and development of a national shoreline change data base [C]//Coastal Sediments'91 Proceedings, ASCE. Washington: 1027 – 1042.

Campuzano F J, Mateus M D, Leitao P C, et al. 2013. Integrated coastal zone management in South America: a look at three contrasting systems [J]. Ocean & Coastal Management, 72: 22 – 35.

Carpenter N E, Dickson M E, Walkden M J A, et al. 2014. Effects of varied lithology on soft-cliff recession rates[J]. Marine Geology, 354: 40 – 52.

Carriquiry J D, Sánchez A, Camacho-Ibar V F. 2001. Sedimentation in the Northern Gulf of California after cessation of the Colorado River discharge [J]. Sedimentary Geology, 144(1 – 2): 37 – 62.

Carter C H, Guy D E. 1984. Lake Erie shore erosion, Ashtabula County, Ohio: setting, processes, and recession rates from 1876 to 1973[R]. No. 122. State of Ohio: Department of Natural Resources, Divisions of

Geological Survey.

Carter T R, Jones R N, Lu X, et al. 2007. New assessment methods and the characterisation of future conditions[M]//M L Parry, O F Canziani, J P Palutikof, et al. Climate Change 2007: Impacts, Adaptation and Vulnerability. Contribution of Working Group II to the Fourth Assessment Report of the Intergovernmental Panel on Climate Change. Cambridge: Cambridge University Press: 133 - 171.

Chang H T, Yang L, Yeh S C, et al. 2013. Systematic index frame for functional assessment of constructed wetlands [J]. Ocean & Coastal Management, 73: 145 - 152.

Chen J Y, Zhu H F, Dong Y F, et al. 1985. Development of the Changjiang estuary and its submerged delta[J]. Continental Shelf Research, 4(1 - 2): 47 - 56.

Chen L C, Rau J Y. 1998a. Detection of shoreline changes for tideland areas using multi-temporal satellite images[J]. International Journal of Remote Sensing, 19(17): 3383 - 3397.

Chen W - W, Chang H - K. 2009. Estimation of shoreline position and change from satellite images considering tidal variation [J]. Estuarine, Coastal and Shelf Science, 84(1): 54 - 60.

Chen X Q, Zhang E F, Mu H Q, et al. 2005. A preliminary analysis of human impacts on sediment discharges from the Yangtze, China, into the sea[J]. Journal of Coastal Research, 21(3): 515 - 521.

Chen X, Zong Y. 1998b. Coastal erosion along the Changjiang deltaic shoreline, China: history and prospective[J]. Estuarine Coastal and Shelf Science, 46(5): 733 - 742.

Chen Z Y, Wang Z H, Finlayson B, et al. 2010. Implications of flow control by the Three Gorges Dam on sediment and channel dynamics of the middle Yangtze (Changjiang) River, China[J]. Geology, 38(11): 1043 - 1046.

Chu Z X, Sun X G, Zhai S K, et al. 2006. Changing pattern of accretion/erosion of the modern Yellow River (Huanghe) subaerial delta, China: Based on remote sensing images[J]. Marine Geology, 227(1 - 2): 13 - 30.

Chu Z, Yang X, Feng X, et al. 2013. Temporal and spatial changes in coastline movement of the Yangtze delta during 1974 - 2010[J]. Journal of

Asian Earth Sciences, 66: 166 - 174.

Cooper J A G, Pilkey O H. 2004a. Sea-level rise and shoreline retreat: time to abandon the Bruun Rule[J]. Global and Planetary Change, 43(3 - 4): 157 - 171.

Cooper J A G, Pilkey O H. 2004b. Alternatives to the Mathematical Modeling of Beaches[J]. Journal of Coastal Research, 20(3): 641 - 644.

Cooper N J, Barber P C, Bray M J, et al. 2002. Shoreline management plans: a national review and engineering perspective [J]. Water & Maritime Engineering, 154(3): 221 - 228.

Costanza R, d'Arge R, de Groot R, et al. 1997. The value of the world's ecosystem services and natural capital[J]. Nature, 387(6630): 253 - 260.

Crowell M, Leatherman S, Buckley M. 1991. Historical shoreline change: error analysis and mapping accuracy[J]. Journal of Coastal Research, 7(3): 839 - 852.

Cutter S L. 1996. Vulnerability to environmental hazards[J]. Progress in Human Geography, 20(4): 529 - 539.

Cutter S L, Barnes L, Berry M, et al. 2008. A place-based model for understanding community resilience to natural disasters [J]. Global Environmental Change, 18(4): 598 - 606.

Cutter S L, Boruff B J, Shirley W L. 2003. Social vulnerability to environmental hazards[J]. Social Science Quarterly, 84(2): 242 - 261.

Cutter S L, Emrich C T, Webb J J, et al. 2009. Social vulnerability to climate variability hazards: a review of the literature. Final report to Oxfam America[R]. Columbia, SC: Hazards and Vulnerability Research Institute, Department of Geography, University of South Carolina.

Cutter S L, Mitchell J T, Scott M S. 2000. Revealing the vulnerability of people and places: a case study of Georgetown County, South Carolina[J]. Annals of the Association of American Geographers, 90(4): 713 - 737.

Cutter S L, Solecki W D. 1989. The national pattern of airborne toxic releases[J]. The Professional Geographer, 41(2): 149 - 161.

Dai S B, Lu X X, Yang S L, et al. 2008. A preliminary estimate of human and natural contributions to the decline in sediment flux from the Yangtze River to the East China Sea [J]. Quaternary International, 186 (1):

43 – 54.

Danforth W W, Thieler E R. 1994a. Historical shoreline mapping (Ⅰ): improving techniques and reducing positioning errors [J]. Journal of Coastal Research, 10(3): 549.

Danforth W W, Thieler E R. 1994b. Historical shoreline mapping (Ⅱ): application of the Digital Shoreline Mapping and Analysis Systems (DSMS/DSAS) to shoreline change mapping in Puerto Rico[J]. Journal of Coastal Research, 10(3): 600.

Daniels R C. 1996. An innovative method of model integration to forecast spatial patterns of shoreline change: a case study of Nags Head, North Carolina[J]. Professional Geographer, 48(2): 195 – 209.

Dawson R, Dickson M, Nicholls R, et al. 2009. Integrated analysis of risks of coastal flooding and cliff erosion under scenarios of long term change [J]. Climatic Change, 95(1): 249 – 288.

de Jonge V N, Pinto R, Turner R K. 2012. Integrating ecological, economic and social aspects to generate useful management information under the EU Directives' 'ecosystem approach'[J]. Ocean & Coastal Management, 68: 169 – 188.

De Pippo T, Donadio C, Pennetta M, et al. 2008. Coastal hazard assessment and mapping in Northern Campania, Italy[J]. Geomorphology, 97(3 – 4): 451 – 466.

Defra. 2006. Shoreline management plan guidance. Volume 1: aims and requirements[M]. London: Department for Environment, Food and Rural Affairs (Defra): 48.

Del Río L, Gracia F J. 2009. Erosion risk assessment of active coastal cliffs in temperate environments[J]. Geomorphology, 112(1 – 2): 82 – 95.

Densham P J. 1991. Spatial decision support systems[M]//D J Maguire, M F Goodchild, D W Rhind. Geographical Information Systems: Principles and Applications. Harlow, Essex: Longman Scientific and Technical: 403 – 412.

Dickson M E, Walkden M J A, Hall J W. 2007. Systemic impacts of climate change on an eroding coastal region over the twenty-first century [J]. Climatic Change, 84(2): 141 – 166.

Dolan R，Fenster M，Holme S. 1991. Temporal analysis of shoreline recession and accretion[J]. Journal of Coastal Research，7(3)：723 – 744.

Dolan R，Hayden B P，May S. 1983. Erosion of the US shorelines[M]//P D Komar. CRC Handbook of Coastal Processes and Erosion. Boca Raton，Florida：CRC Press：285 – 299.

Domínguez L，Anfuso G，Gracia F J. 2005. Vulnerability assessment of a retreating coast in SW Spain[J]. Environmental Geology，47(8)：1037 – 1044.

Dong P，Chen H. 1999. A probability method for predicting time-dependent long-term shoreline erosion[J]. Coastal Engineering，36(3)：243 – 261.

Dubois R N. 1975. Support and refinement of the Bruun Rule on beach erosion[J]. The Journal of Geology，83(5)：651 – 657.

Dubois R N. 1992. A re-evaluation of Bruun's Rule and supporting evidence [J]. Journal of Coastal Research，8(3)：618 – 628.

Eikaas H S，Hemmingsen M A. 2006. A GIS approach to model sediment reduction susceptibility of mixed sand and gravel beaches [J]. Environmental Management，37(6)：816 – 825.

Ekercin S. 2007. Coastline change assessment at the Aegean Sea Coasts in Turkey using multitemporal Landsat imagery [J]. Journal of Coastal Research，23(3)：691 – 698.

Elewa H H，El Nahry A H. 2009. Hydro-environmental status and soil management of the River Nile Delta，Egypt[J]. Environmental Geology，57(4)：759 – 774.

Ellis R H，Hartford C. 1972. Coastal zone management system：a combination of tools[M]//Marine Technology Society，Tools for Coastal Zone Management. Washington：Marine Technology Society.

ESRI. 2009. ArcGIS Desktop Help 9. 3 [OL]. Environmental Systems Research Institute，Inc.

Eurosion. 2002. Coastal Erosion Indicators Study [R]. Universitat Autonoma de Barcelona，Centre d'Estudis Ambientals，G. I. M. Geographic Information Management NV.

Eurosion. 2004. Living with coastal erosion in Europe：sediment and space for sustainability. Part I — Major findings and policy recommendations of the eurosion project [R]. Directorate General Environment, European Commission.

Everts C H. 1985. Sea level rise effects on shoreline position[J]. Journal of Waterway, Port, Coastal and Ocean Engineering, 111(6): 985 – 999.

Fall M. 2009. A GIS-based mapping of historical coastal cliff recession[J]. Bulletin of Engineering Geology and the Environment, 68(4): 473 – 482.

Fan D D, Li C X, Wang D J, et al. 2004. Morphology and sedimentation on open-coast intertidal flats of the Changjiang Delta, China[J]. Journal of Coastal Research, SI(43): 23 – 35.

Fan D, Qi H, Sun X, et al. 2011. Annual lamination and its sedimentary implications in the Yangtze River delta inferred from high-resolution biogenic silica and sensitive grain-size records [J]. Continental Shelf Research, 31(2): 129 – 137.

Fenster M S, Dolan R, Elder J F. 1993. A new method for predicting shoreline positions from historical data[J]. Journal of Coastal Research, 9(1): 147 – 171.

Fleming S, Jordan T, Madden M, et al. 2009. GIS applications for military operations in coastal zones [J]. Isprs Journal of Photogrammetry and Remote Sensing, 64(2): 213 – 222.

Franke R. 1982. Smooth interpolation of scattered data by local thin plate splines [J]. Computers & Mathematics with Applications, 8 (4): 273 – 281.

Frazer L N, Genz A S, Fletcher C H. 2009. Toward parsimony in shoreline change prediction (I): basis function methods[J]. Journal of Coastal Research, 25(2): 366 – 379.

Frazier P S, Page K J. 2000. Water body detection and delineation with Landsat TM data[J]. Photogtammetric Engineering and Remote Sensing, 66(12): 1461 – 1467.

Fu R S, Qi M L, Fang H W, et al. 2005. Sediment transport characteristics of Yangtze River in river section from Yichang to Hankou[J]. Shuili Xuebao/Journal of Hydraulic Engineering, 36(1): 35 – 41.

Füssel H—M. 2007. Vulnerability: a generally applicable conceptual framework for climate change research[J]. Global Environmental Change,

17(2)：155 - 167.

Galgano F A，Douglas B C. 2000. Shoreline position prediction：methods and errors[J]. Environmental Geosciences，7(1)：23 - 31.

Gao S，Wang Y P，Gao J H. 2011. Sediment retention at the Changjiang sub-aqueous delta over a 57 year period，in response to catchment changes [J]. Estuarine，Coastal and Shelf Science，95(1)：29 - 38.

Gao Z G，Zhang L Q. 2006. Multi-seasonal spectral characteristics analysis of coastal salt marsh vegetation in Shanghai，China[J]. Estuarine，Coastal and Shelf Science，69(1)：217 - 224.

Genz A S，Fletcher C H，Dunn R A，et al. 2007. The predictive accuracy of shoreline change rate methods and alongshore beach variation on Maui，Hawaii[J]. Journal of Coastal Research，23(1)：87 - 105.

Gilman E，Ellison J，Coleman R. 2007. Assessment of mangrove response to projected relative sea-level rise and recent historical reconstruction of shoreline position[J]. Environmental Monitoring and Assessment，124(1 - 3)：105 - 130.

Gilman J，Chapman D，Simons R. 2001. Coastal GIS：an integrated system for coastal management [C]//The 4th International Symposium on Computer Mapping and GIS for Coastal Zone Management (CoastGIS'01). Boca Raton：CRC Press.

Goodchild M，Barbara S. 2006. Geographical information science：fifteen years later[M]//P F Fisher. Classics from IJGIS：Twenty Years of the International Journal of Geographical Information Science and Systems. Boca Raton：CRC Press：199 - 204.

Gornitz V，Lebedeff S，Hansen J. 1982. Global sea level trend in the past century[J]. Science，215(4540)：1611 - 1614.

Hackney C，Darby S E，Leyland J. 2013. Modelling the response of soft cliffs to climate change：a statistical，process-response model using accumulated excess energy[J]. Geomorphology，187：108 - 121.

Hands E B. 1984. The Great Lakes as a test model for profile response to sea-level changes[M]//P D Komar. Handbook of Coastal Processes and Erosion. Boca Raton：CRC Press：167 - 189.

Hanson H，Kraus N. 1989. GENESIS：Generalized model for simulating shoreline change, Report 1: Technical reference[J]. US Dept. of the Army, WES, CERC, Technical Report CERC - 89 - 19.

Hanson H. 1989. GENESIS — a generalized shoreline change numerical-model[J]. Journal of Coastal Research, 5(1): 1 - 27.

Hinkel J. 2005. DIVA: an iterative method for building modular integrated models[J]. Advances in Geosciences, 4: 45 - 50.

Hinkel J, Klein R J T. 2003. DINAS - COAST: developing a method and a tool for dynamic and interactive vulnerability assessment [J]. LOICZ Newsletter, 27: 1 - 4.

Hinkel J, Klein R J T. 2009. Integrating knowledge to assess coastal vulnerability to sea-level rise: the development of the DIVA tool[J]. Global Environmental Change, 19(3): 384 - 395.

IPCC. Climate Change 2013: The physical science basis: contribution of working group I to the fifth assessment report of the intergovernmental panel on climate change[R]. Cambridge, United Kingdom and New York, NY, USA, 2013.

Jackson Jr C W, Alexander C R, Bush D M. 2012. Application of the AMBUR R package for spatio-temporal analysis of shoreline change: Jekyll Island, Georgia, USA[J]. Computers & Geosciences, 41: 199 - 207.

Jiang C, Li J, de Swart H E. 2012. Effects of navigational works on morphological changes in the bar area of the Yangtze Estuary [J]. Geomorphology, 139 - 140: 205 - 219.

Kaiser M F. 2009. Environmental changes, remote sensing, and infrastructure development: the case of Egypt's East Port Said harbour [J]. Applied Geography, 29(2): 280 - 288.

Kastler J A, Wiberg P L. 1996. Sedimentation and boundary changes of Virginia salt marshes[J]. Estuarine Coastal and Shelf Science, 42(6): 683 - 700.

Kenny G J, Warrick R A, Campbell B D, et al. 2000. Investigating climate change impacts and thresholds: an application of the CLIMPACTS integrated assessment model for New Zealand agriculture[J]. Climatic Change, 46(1): 91 - 113.

Klein R J T, Nicholls R J, Mimura N. 1999b. Coastal adaptation to climate change: can the IPCC technical guidelines be applied? [J]. Mitigation and Adaptation Strategies for Global Change, 4(3): 239 - 252.

Klein R J T, Nicholls R J. 1999a. Assessment of coastal vulnerability to climate change[J]. Ambio, 28(2): 182 - 187.

Klemas V V. 2001. Remote sensing of landscape-level coastal environmental indicators[J]. Environmental Management, 27(1): 47 - 57.

Koukoulas S, Nicholls R J, Dickson M E, et al. 2005. A GIS tool for analysis and interpretation of coastal erosion model outputs (SCAPEGIS) [C]//Proceedings of Coastal dynamics 2005, ASCE: Barcelona, Spain.

Kuang C P, Chen W, Gu J, et al. 2014. Numerical assessment of the impacts of potential future sea-level rise on hydrodynamics of the Yangtze River Estuary, China[J]. Journal of Coastal Research, 30(3): 586 - 597.

Ledoux L, Cornell S, O'Riordan T, et al. 2005. Towards sustainable flood and coastal management: identifying drivers of, and obstacles to, managed realignment[J]. Land Use Policy, 22(2): 129 - 144.

Lee E M, Hall J W, Meadowcroft I C. 2001. Coastal cliff recession: the use of probabilistic prediction methods [J]. Geomorphology, 40 (3 - 4): 253 - 269.

Li J, Gao S, Wang Y P. 2010. Delineating suspended sediment concentration patterns in surface waters of the Changjiang Estuary by remote sensing analysis[J]. Acta Oceanologica Sinica, 29(4): 38 - 47.

Li J, He Q, Xiang W, et al. 2001a. Fluid mud transportation at water wedge in the Changjiang Estuary [J]. Science in China Series B: Chemistry, 44(S1): 47 - 56.

Li P, Yang S, Milliman J, et al. 2012. Spatial, temporal, and human-induced variations in suspended sediment concentration in the surface waters of the Yangtze Estuary and adjacent coastal areas[J]. Estuaries and Coasts, 35(5): 1316 - 1327.

Li R, Di K, Ma R. 2001b. A comparative study of shoreline mapping techniques[M]. GIS for Coastal Zone Management. Boca Raton: CRC Press: 27 - 34.

Li R, Di K, Ma R. 2003. 3 - D shoreline extraction from IKONOS satellite imagery[J]. Marine Geodesy, 26(1): 107 - 115.

Li R, Liu J K, Felus Y. 2001c. Spatial modeling and analysis for shoreline change detection and coastal erosion monitoring[J]. Marine Geodesy, 24(1): 1 - 12.

Li X, Zhou Y X, Zhang L P, et al. 2014. Shoreline change of Chongming Dongtan and response to river sediment load: a remote sensing assessment [J]. Journal of Hydrology, 511: 432 - 442.

Liu H, Jezek K C. 2004. Automated extraction of coastline from satellite imagery by integrating Canny edge detection and locally adaptive thresholding methods [J]. International Journal of Remote Sensing, 25(5): 937 - 958.

Liu J. 1998. Developing geographic information system applications in analysis of responses to Lake Erie shoreline changes[D]. Columbus: Ohio State University: 133.

Liu Y X, Huang H J, Qiu Z F, et al. 2013. Detecting coastline change from satellite images based on beach slope estimation in a tidal flat [J]. International Journal of Applied Earth Observation and Geoinformation, 23: 165 - 176.

Lotze H K, Lenihan H S, Bourque B J, et al. 2006. Depletion, degradation, and recovery potential of estuaries and coastal seas [J]. Science, 312 (5781): 1806 - 1809.

Luo S L, Wang H J, Cai F. 2013. An integrated risk assessment of coastal erosion based on fuzzy set theory along Fujian coast, Southeast China[J]. Ocean & Coastal Management, 84: 68 - 76.

Maiti S, Bhattacharya A K. 2009. Shoreline change analysis and its application to prediction: a remote sensing and statistics based approach [J]. Marine Geology, 257(1 - 4): 11 - 23.

Makiaho J P. 2007. Estimation of ancient and future shoreline positions in the vicinity of Olkiluoto, an island on the western coast of Finland: the difference between Grid and TIN based GIS-approaches [J]. Palaeogeography Palaeoclimatology Palaeoecology, 252(3 - 4): 514 - 529.

Martins J H, Camanho A S, Gaspar M B. 2012. A review of the application of driving forces — Pressure — State — Impact — Response framework to fisheries management[J]. Ocean & Coastal Management, 69: 273 – 281.

Mason D C, Davenport I J, Flather R A, et al. 2001. A sensitivity analysis of the waterline method of constructing a digital elevation model for intertidal areas in ERS SAR scene of eastern England[J]. Environmental Monitoring and Assessment, 53(6): 759 – 778.

Mathew S. 2007. Quantifying coastal evolution using digital photogrammetry [D]. Guelph: University of Guelph: 238.

McFadden L, Nicholls R J, Vafeidis A, et al. 2007. A methodology for modeling coastal space for global assessment [J]. Journal of Coastal Research, 23(4): 911 – 920.

McManus J. 2002. Deltaic responses to changes in river regimes[J]. Marine Chemistry, 79(3 – 4): 155 – 170.

Melton G. 2008. Assessing coastal erosion vulnerability: a case study of Georgetown County, South Carolina[D]. Columbia: University of South Carolina: 149.

Mertes L A K, Hickman M, Waltenberger B, et al. 1998. Synoptic views of sediment plumes and coastal geography of the Santa Barbara Channel, California[J]. Hydrological Processes, 12(6): 967 – 979.

Miller L, Douglas B C. 2004. Mass and volume contributions to twentieth-century global sea level rise[J]. Nature, 428(6981): 406 – 409.

Moore A B, Jones A R, Sims P C, et al. 2001. Integrated coastal zone management's holistic agency: an ontology of geography and GeoComputation[C]//Proceedings of 13th Annual Colloquium of the Spatial Information Research Centre, Citeseer. Dunedin: University of Otago.

Moore A B, Morris K P, Blackwell G K, et al. 2003. Using geomorphological rules to classify photogrammetrically-derived digital elevation models[J]. International Journal of Remote Sensing, 24(13): 2613 – 2626.

Moore L J, Griggs G B. 2002. Long-term cliff retreat and erosion hotspots along the central shores of the Monterey Bay National Marine Sanctuary [J]. Marine Geology, 181(1 – 3): 265 – 283.

Moore L J. 2000. Shoreline mapping techniques[J]. Journal of Coastal

Research, 16(1): 111 - 124.

Moore T, Morris K, Blackwell G, et al. 1997. Extraction of beach landforms from dems using a Coastal Management Expert System[C]// Proceedings of second annual conference of GeoComputation '97 & SIRC' 97, Citeseer: University of Otago, Dunedin, New Zealand.

Moore T, Morris K, Blackwell G, et al. 1999. An Expert System for Integrated Coastal Zone Management: A Geomorphological Case Study [J]. Marine Pollution Bulletin, 37(3 - 7): 361 - 370.

Moore T, Morris K, Blackwell G. 1996. COAMES-towards a coastal management expert system [C]//Proceedings of 1st International Conference on Geocomputation. Leeds. 629 - 646.

Morton R A, Miller T L, Moore L J. 2004. National assessment of shoreline change: Part 1: Historical shoreline changes and associated coastal land loss along the U. S. Gulf of Mexico[R]. Open File Report 2004 - 1043. St. Petersburg: U. S. Geological Survey, Center for Coastal and Watershed Studies.

Muslim A M, Foody G M, Atkinson P M. 2006. Localized soft classification for super-resolution mapping of the shoreline[J]. International Journal of Remote Sensing, 27(11): 2271 - 2285.

Méndez Alves M V. 2007. Detection of physical shoreline indicators in a object-based classificaiton approach: study case, Island of Schiermonnikoog, The Netherlands[D]. Enschede: International Institute for Geo-Information Science and Earth Observation (ITC): 53.

NERC. 1994. Land-Ocean interaction study (LOIS): implementation plan for a community research project[R]. Swindon: Natural Environment Research Council.

Nguyen T, Peterson J, Gordon-Brown L, et al. 2008. Coastal changes predictive modelling: a fuzzy set approach[J]. World Academy of Science, Engineering and Technology, 48: 468 - 473.

Nicholls R J, HInkel J, Tol R S J, et al. 2011. A global analysis of coastal erosion of beaches due to sea-level rise: an application of DIVA[M]. Proceedings of the Coastal Sediments 2011. London: World Scientific: 313 - 326.

Nicholls R J, Wong P P, Burkett V R, et al. 2007. Coastal systems and low-lying areas[M]//M L Parry, O F Canziani, J P Palutikof, et al. Climate Change 2007: Impacts, Adaptation and Vulnerability. Contribution of Working Group II to the Fourth Assessment Report of the Intergovernmental Panel on Climate Change. Cambridge: Cambridge University Press: 315 – 356.

Nicholls R J, Wong P P, Burkett V, et al. 2008. Climate change and coastal vulnerability assessment: scenarios for integrated assessment [J]. Sustainability Science, 3(1): 89 – 102.

Nicholls R, Mokrech M, Hanson S, et al. 2008. The tyndall centre coastal simulator and interface (Coasts)[C]//Proceedings European Conference on Flood Risk management Research and Practice (FLOODRISK 2008); Oxford, UK.

Novello – Hogarth A, McGlade J M. 1998. SimCoastTM: integrating information about the coastal zone[J]. EC Fisheries Cooperation Bulletin, 11(3 – 4): 29 – 33.

OECD. 1993. Report of OECD core set of indicators for environmental performance reviews, Paris. [R]. Paris: OECD (Organization for Economic Cooperation and Development).

Openshaw S. 1991. Developing appropriate spatial analysis methods for GIS [M]//D J Maguire, M F Goodchild, D W Rhind. Geographical Information Systems: Principles and Applications. Harlow, Essex: Longman Scientific and Technical: 389 – 402.

Pardo-Pascual J E, Almonacid-Caballer J, Ruiz L A, et al. 2012. Automatic extraction of shorelines from Landsat TM and ETM + multi-temporal images with subpixel precision[J]. Remote Sensing of Environment, 123: 1 – 11.

Pelling M. 2004. Visions of risk: a review of international indicators of disaster risk and its management. A report for the ISDR inter-agency task force on disaster reduction working group 3: risk, vulnerability and disaster impact assessment[R]. King's College, University of London.

Pelnard-Considère R. 1956. Essai de théori de l'evolution des forms de rivages en plage de sable et de galets[C]//4th Journées de l'Hydralique,

Les Energies de la Mer, Question III, Rapport No. 1: 289 – 298.

Perillo G M E. 1995. Geomorphology and sedimentology of estuaries[M]. Amsterdam: Elsevier: 471.

Perlin M, Dean R G. 1978. Prediction of beach platforms with littoral controls [C]//Proceedings of Sixteenth Conference on Coastal Engineering, ASCE. New York, NY: 1818 – 1838.

Pilkey O H, Cooper J A G. 2004. CLIMATE: society and sea level rise[J]. Science, 303(5665): 1781 – 1782.

Pilkey O H, Young R S, Riggs S R, et al. 1993. The concept of shoreface profile of equilibrium: a critical review[J]. Journal of Coastal Research, 9(1): 255 – 278.

Pinto R, de Jonge V N, Neto J M, et al. 2013. Towards a DPSIR driven integration of ecological value, water uses and ecosystem services for estuarine systems[J]. Ocean & Coastal Management, 72: 64 – 79.

Port and Delta Consortium Ltd. 2000. Regulation of the Yangtze Estuary, project description[R]. Netherlands: WL Delft Hydraulics.

Power D J. 2008. Decision support systems: a historical overview[M]//F Burstein, C W Holsapple. Handbook on Decision Support Systems 1. Berlin Heidelberg: Springer: 121 – 140.

Purvis M J, Bates P D, Hayes C M. 2008. A probabilistic methodology to estimate future coastal flood risk due to sea level rise [J]. Coastal Engineering, 55(12): 1062 – 1073.

Rahman A F, Dragoni D, El-Masri B. 2011. Response of the Sundarbans coastline to sea level rise and decreased sediment flow: a remote sensing assessment[J]. Remote Sensing of Environment, 115(12): 3121 – 3128.

Rapport D J, Friend A. Towards a comprehensive framework for environmental statistics: a stress-response approach[R]. Ottawa: Minister of Supply and Services Canada, 1979.

Reeve D E, Fleming C A. 1997. A statistical-dynamical method for predicting long term coastal evolution[J]. Coastal Engineering, 30(3 – 4): 259 – 280.

Reeve D E, Spivack M. 2004. Evolution of shoreline position moments[J]. Coastal Engineering, 51(8 – 9): 661 – 673.

Rosen P S. 1978. A regional test of the Bruun Rule on shoreline erosion[J]. Marine Geology, 26: M7 – M16.

Ryu J H, Kim C H, Lee Y K, et al. 2008. Detecting the intertidal morphologic change using satellite data[J]. Estuarine Coastal and Shelf Science, 78(4): 623 – 632.

Ryu J H, Won J S, Min K D. 2002. Waterline extraction from Landsat TM data in a tidal flat a case study in Gomso Bay, Korea[J]. Remote Sensing of Environment, 83(3): 442 – 456.

Saaty T L. 1980. The analytical hierarchy process [M]. New York: McGraw-Hill.

Saaty T L. 2008. Decision making with the analytic hierarchy process[J]. International Journal of Services Sciences, 1(1): 83 – 98.

Saengsupavanich C, Seenprachawong U, Gallardo W G, et al. 2008. Port-induced erosion prediction and valuation of a local recreational beach[J]. Ecological Economics, 67(1): 93 – 103.

Saito Y, Yang Z S, Hori K. 2001. The Huanghe (Yellow River) and Changjiang (Yangtze River) deltas: a review on their characteristics, evolution and sediment discharge during the Holocene [J]. Geomorphology, 41(2 – 3): 219 – 231.

Schwartz M L. 1967. The Bruun theory of sea-level rise as a cause of shore erosion[J]. The Journal of Geology, 75(1): 76 – 92.

Sesli F A, Karsli F, Colkesen I, et al. 2009. Monitoring the changing position of coastlines using aerial and satellite image data: an example from the eastern coast of Trabzon, Turkey[J]. Environmental Monitoring and Assessment, 153(1 – 4): 391 – 403.

Shah R. 2000. International frameworks of environmental statistics and indicators[C]//United Nations Statistical Division for Inception Workshop on the Institutional Strengthening and Collection of Environmental Statistics. Samarkand, Uzbekistan.

Shi B W, Yang S L, Wang Y P, et al. 2012. Relating accretion and erosion at an exposed tidal wetland to the bottom shear stress of combined current-wave action[J]. Geomorphology, 138(1): 380 – 389.

Shi C, Hutchinson S M, Yu L, et al. 2001. Towards a sustainable coast: an integrated coastal zone management framework for Shanghai, People's Republic of China[J]. Ocean & Coastal Management, 44(5 - 6): 411 - 427.

Shi Y F, Zhu J W, Xie Z R, et al. 2000. Prediction and prevention of the impacts of sea level rise on the Yangtze River Delta and its adjacent areas [J]. Science in China Series D-Earth Sciences, 43(4): 412 - 422.

Shim J P, Warkentin M, Courtney J F, et al. 2002. Past, present, and future of decision support technology[J]. Decision Support Systems, 33 (2): 111 - 126.

Siddiqui M N, Maajid S. 2004. Monitoring of geomorphological changes for planning reclamation work in coastal area of Karachi Pakistan [J]. Advances in Space Research, 33(7): 1200 - 1205.

Snoussi M, Ouchani T, Khouakhi A, et al. 2009. Impacts of sea-level rise on the Moroccan coastal zone: quantifying coastal erosion and flooding in the Tangier Bay[J]. Geomorphology, 107(1 - 2): 32 - 40.

Srivastava A, Niu X, Di K, et al. 2005. Shoreline modeling and erosion prediction[C]//Proceedings of the ASPRS Annual Conference. Baltimore, Maryland.

Stanley D J, Warne A G. 1993. Nile delta: recent geological evolution and human impact[J]. Science, 260(5108): 628.

Stanners D, Bourdeau P. 1995. Europe's environment: the Dobris assessment[M]. Copenhagen: European Environmental Agency: 676.

Sterr H. 2008. Assessment of vulnerability and adaptation to sea-level rise for the coastal zone of germany[J]. Journal of Coastal Research, 24(2): 380 - 393.

Syvitski J P M, Kettner A J, Overeem I, et al. 2009. Sinking deltas due to human activities[J]. Nature Geoscience, 2(10): 681 - 686.

Szlafsztein C, Sterr H. 2007. A GIS-based vulnerability assessment of coastal natural hazards, state of Para, Brazil[J]. Journal of Coastal Conservation, 11(1): 53 - 66.

Tachikawa T, Kaku M, Iwasaki A, et al. 2011. ASTER global digital elevation model version 2 - summary of validation results[OL]. http: // www. jspacesystems. or. jp/ersdac/GDEM/ver2Validation/Summary_GDEM2_ validation_report_final. pdf.

Tanner B R, Perfect E, Kelley J T. 2006. Fractal analysis of maine's glaciated shoreline tests established coastal classification scheme[J]. Journal of Coastal Research, 22(5): 1300 – 1304.

Thatte C. 2006. Augmentation of water resources through inter-basin water transfer (IBWT): a review of needs, plans and prospects in the light of the global situation[J]. World Affairs, 10(4): 38 – 62.

Thieler E R, Himmelstoss E A, Zichichi J L, et al. 2009. Digital shoreline analysis system (DSAS) version 4. 0—an ArcGIS extension for calculating shoreline change[R]. U. S. Geological Survey Open-File Report 2005 – 1304. U. S. Department of the Interior, U. S. Geological Survey.

Thieler E R, Pilkey O H, Young R S, et al. 2000. The use of mathematical models to predict beach behavior for US coastal engineering: a critical review[J]. Journal of Coastal Research, 16(1): 48 – 70.

Thomalla F, Vincent C E. 2003. Beach response to shore-parallel breakwaters at Sea Palling, Norfolk, UK[J]. Estuarine Coastal and Shelf Science, 56(2): 203 – 212.

Thurston N, Bin L, Fleming C. 1999. Long-term assessment of offshore sandbank movements, East Anglia[J]. Europe's Leading Geographic Information Conference. Proceedings AGI Conference. Improving Access to Better Information | Europe's Leading Geographic Information Conference. Proceedings AGI Conference. Improving Access to Better Information: 8/3/1 – 5 | x + 284.

Tian B, Zhang L Q, Wang X R, et al. 2010. Forecasting the effects of sea-level rise at Chongming Dongtan Nature Reserve in the Yangtze Delta, Shanghai, China[J]. Ecological Engineering, 36(10): 1383 – 1388.

Tintoré J, Medina R, Gómez-Pujol L, et al. 2009. Integrated and interdisciplinary scientific approach to coastal management[J]. Ocean & Coastal Management, 52(10): 493 – 505.

Torresan S, Critto A, Rizzi J, et al. 2012. Assessment of coastal vulnerability to climate change hazards at the regional scale: the case study of the North Adriatic Sea[J]. Natural Hazards and Earth System Sciences, 12(7): 2347 – 2368.

Torresan S, Critto A, Valle M D, et al. 2008. Assessing coastal vulnerability to climate change: comparing segmentation at global and regional scales[J]. Sustainability Science, 3(1): 45 – 65.

Tribbia J, Moser S C. 2008. More than information: what coastal managers need to plan for climate change[J]. Environmental Science & Policy, 11(4): 315 – 328.

Turner B L, Kasperson R E, Matson P A, et al. 2003. A framework for vulnerability analysis in sustainability science [J]. Proceedings of the National Academy of Sciences, 100(14): 8074 – 8079.

Turner R K, Lorenzoni I, Beaumont N, et al. 1998. Coastal management for sustainable development: analysing environmental and socio-economic changes on the UK coast[J]. Geographical Journal, 164: 269 – 281.

UN/ISDR. 2004. Living with risk: a global review of disaster reduction initiatives [R]. Geneva, Switzerland: United Nations Inter-Agency Secretariat of the International Strategy for Disaster Reduction.

UNFCCC. 2005. Compendium on methods and tools to evaluate impacts of, and vulnerability and adaptation to, climate change[R]. Bonn, Germany: United Nations Framework Convention on Climate Change.

UNFCCC. 2008. Compendium on methods and tools to evaluate impacts of, and vulnerability and adaptation to, climate change[R]. Bonn, Germany: United Nations Framework Convention on Climate Change.

United Nations. 1984. A Framework for the Development of Environment Statistics, Series M No. 78[M]. New York: United Nations: 36.

Vafeidis A T, Nicholls R J, Boot G, et al. 2004. A global database for coastal vulnerability analysis (DINAS COAST) [J]. Land-Ocean Interactions in the Coastal Zone, 33: 1 – 4.

Vafeidis A T, Nicholls R J, McFadden L, et al. 2008. A new global coastal database for impact and vulnerability analysis to sea-level rise[J]. Journal of Coastal Research, 24(4): 917 – 924.

van Kouwen F A. 2007. The Quasta approach. Exploring new pathways to improve the use of knowledge in sustainability challenges[D]. Utrecht: Utrecht University: 132.

van Kouwen F, Dieperink C, Schot P, et al. 2008. Applicability of decision support systems for integrated coastal zone management [J]. Coastal Management, 36(1): 19 - 34.

von Lieberman N, Mai S. 2002. Risk analysis within coastal zone management [C]//Proc. of the Int. Symposium "Low-Lying Coastal Areas: Hydrology and Integrated Coastal Zone Magement" within IHP/OHP; Bremerhaven: 107 - 111.

Vrijling J K, Meijer G J. 1992. Probabilistic coastline position computations [J]. Coastal Engineering, 17(1 - 2): 1 - 23.

Walkden M, Pearson S, Mokrech M, et al. 2005. Towards an integrated coastal sediment dynamics and shoreline response simulator[R]. Technical Report 38. Norwich: Tyndall Centre.

Walton T L. 1998. Least squares filtering to assess shoreline change signatures[J]. Journal of Coastal Research, 14(4): 1225 - 1230.

Walton T L. 2000. Separation of shoreline change signal from random noise [J]. Ocean Engineering, 27(1): 77 - 86.

Wang F. 2006. Quantitative methods and applications in GIS[M]. London: CRC Press.

Wang H J, Bi N S, Saito Y, et al. 2010. Recent changes in sediment delivery by the Huanghe (Yellow River) to the sea: causes and environmental implications in its estuary[J]. Journal of Hydrology, 391 (3 - 4): 302 - 313.

Wang J, Gao W, Xu S, et al. 2012. Evaluation of the combined risk of sea level rise, land subsidence, and storm surges on the coastal areas of Shanghai, China[J]. Climatic Change, 115(3 - 4): 537 - 558.

Wang W H, Wu S Y, Xia D X. 1994. The erosional process of the soft shore of China in the recent decades[J]. Chinese Geographical Science, 4(2): 106 - 118.

Wang Y, Healy T, Augustinus P, et al. 2002. Research issues of muddy coasts[M]//T Healy, Y Wang, J — A Healy. Muddy Coasts of the World: Processes, Deposits and Function. Amsterdam: Elsevier: 1 - 8.

Warrick R, Ye W, Kouwenhoven P, et al. 2005. New developments of the SimCLIM model for simulating adaptation to risks arising from climate variability and change [C]//MODSIM 2005 International Congress on

Modelling and Simulation. Modelling and Simulation Society of Australia and New Zealand: 170 – 176.

Warrick R. 2009. Using SimCLIM for modelling the impacts of climate extremes in a changing climate: a preliminary case study of household water harvesting in Southeast Queensland [C]//18th World IMACS Congress and MODSIM09 International Congress on Modelling and Simulation. Modelling and Simulation Society of Australia and New Zealand and International Association for Mathematics and Computers in Simulation: Cairns, Australia: 2583 – 2589.

Westmacott S. 2001. Developing decision support systems for integrated coastal management in the tropics: is the ICM decision-making environment too complex for the development of a useable and useful DSS? [J]. Journal of Environmental Management, 62(1): 55 – 74.

Weyl P K. 1982. Simple information systems for coastal zone management [J]. Coastal Zone Management Journal, 9(2): 155 – 182.

White K, El Asmar H M. 1999. Monitoring changing position of coastlines using Thematic Mapper imagery, an example from the Nile Delta [J]. Geomorphology, 29(1 – 2): 93 – 105.

Wilkinson B H, McElroy B J. 2007. The impact of humans on continental erosion and sedimentation[J]. Geological Society of America Bulletin, 119 (1 – 2): 140 – 156.

Williams H F L. 1999. Sand-spit erosion following interruption of longshore sediment transport: Shamrock Island, Texas[J]. Environmental Geology, 37(1 – 2): 153 – 161.

Wisner B, Blaikie P, Cannon T, et al. 2004. At risk: natural hazards, people's vulnerability and disasters (2nd edition)[M]. London and New York: Routledge: 465.

World Commission on Dams (WCD). 2000. Dams and development: a new framework for decision-making[M]. London: Earthscan Publications: 356.

Wright D J. 2009. Spatial data infrastructures for coastal environments [M]//X Yang. Remote Sensing and Geospatial Technologies for Coastal Ecosystem Assessment and Management. Berlin Heidelberg: Springer-

Verlag: 91 - 112.

Wu J G, Huang J H, Han X G, et al. 2004. The three gorges dam: an ecological perspective[J]. Frontiers in Ecology and the Environment, 2(5): 241 - 248.

Xia Z, Jia P, Lei Y, et al. 2007. Dynamics of coastal land use patterns of Inner Lingdingyang Bay in the Zhujiang River estuary[J]. Chinese Geographical Science, 17(3): 222 - 228.

Xie D-F, Gao S, Wang Z-B, et al. 2013. Numerical modeling of tidal currents, sediment transport and morphological evolution in Hangzhou Bay, China[J]. International Journal of Sediment Research, 28(3): 316 - 328.

Yan H, Dai Z, Li J, et al. 2011. Distributions of sediments of the tidal flats in response to dynamic actions, Yangtze (Changjiang) Estuary[J]. Journal of Geographical Sciences, 21(4): 719 - 732.

Yang S L, Ding P X, Chen S L. 2001a. Changes in progradation rate of the tidal flats at the mouth of the Changjiang (Yangtze) River, China[J]. Geomorphology, 38(1 - 2): 167 - 180.

Yang S L, Li M, Dai S B, et al. 2006. Drastic decrease in sediment supply from the Yangtze River and its challenge to coastal wetland management [J]. Geophysical Research Letters, 33(6).

Yang S L, Zhang J, Xu X J. 2007. Influence of the Three Gorges Dam on downstream delivery of sediment and its environmental implications, Yangtze River[J]. Geophysical Research Letters, 34(10): L10401.

Yang S L, Zhang J, Zhu J, et al. 2005. Impact of dams on Yangtze River sediment supply to the sea and delta intertidal wetland response[J]. Journal of Geophysical Research-Earth Surface, 110: F03006.

Yang S L, Zhao Q Y, Belkin I M. 2002. Temporal variation in the sediment load of the Yangtze river and the influences of human activities[J]. Journal of Hydrology, 263(1 - 4): 56 - 71.

Yang S L, Zhao Q Y, Chen S L, et al. 2001b. Seasonal changes in coastal dynamics and morphological behavior of the central and southern Changjiang River delta[J]. Science in China Series B: Chemistry, 44: 72 - 79.

Young E, Muir D, Dawson A, et al. 2014. Community driven coastal management: an example of the implementation of a coastal defence bund on South Uist, Scottish Outer Hebrides [J]. Ocean & Coastal Management, 94: 30 – 37.

Yu J, Fu Y, Li Y, et al. 2011. Effects of water discharge and sediment load on evolution of modern Yellow River Delta, China, over the period from 1976 to 2009[J]. Biogeosciences, 8(9): 2427 – 2435.

Zhang K Q, Douglas B C, Leatherman S P. 2004. Global warming and coastal erosion[J]. Climatic Change, 64(1): 41 – 58.

Zhang S R, Lu X X, Higgitt D L, et al. 2008. Recent changes of water discharge and sediment load in the Zhujiang (Pearl River) Basin, China [J]. Global and Planetary Change, 60(3 – 4): 365 – 380.

Zhang Y, Lu D, Yang B, et al. 2011. Coastal wetland vegetation classification with a Landsat Thematic Mapper image[J]. International Journal of Remote Sensing, 32(2): 545 – 561.

Zhao B, Guo H, Yan Y, et al. 2008. A simple waterline approach for tidelands using multi-temporal satellite images: a case study in the Yangtze Delta[J]. Estuarine, Coastal and Shelf Science, 77(1): 134 – 142.

Zhao B, Kreuter U, Li B, et al. 2004. An ecosystem service value assessment of land-use change on Chongming Island, China[J]. Land Use Policy, 21(2): 139 – 148.

Zhou X, Zheng J, Doong D-J, et al. 2013. Sea level rise along the East Asia and Chinese coasts and its role on the morphodynamic response of the Yangtze River Estuary[J]. Ocean Engineering, 71: 40 – 50.

Zhu X H. 2004. Fractal character of China bedrock coastline[J]. Chinese Journal of Oceanology and Limnology, 22(2): 130 – 135.

Zhu X H, Wang J. 2002. On fractal mechanism of coastline—a case study of China[J]. Chinese Geographical Science, 12(2): 142 – 145.

Zhu X H, Yang X C, Xie W J, et al. 2000. On spatial fractal character of coastline: a case study of Jiangsu Province, China [J]. China Ocean Engineering, 14(4): 533 – 540.

附　　录

附录 1　长江口断面调查报告

（部分承担单位：东海环境监测中心）

1　东海环境监测中心承担的项目任务

按照《长江三角洲海岸侵蚀灾害辅助决策系统研究》项目任务书和实施方案的内容，东海环境监测中心承担部分固定断面水下地形监测和数据报表制作工作。

根据总项目组 2008 年初的任务明确和安排，东海环境监测中心主要承担长江口北港水道、南港水道中的六条固定断面（B1、B2、B3、N1、N2、N3）水下地形监测任务（附图 1-1、附表 1-1），为长三角海岸侵蚀辅助决策提供基础资料。

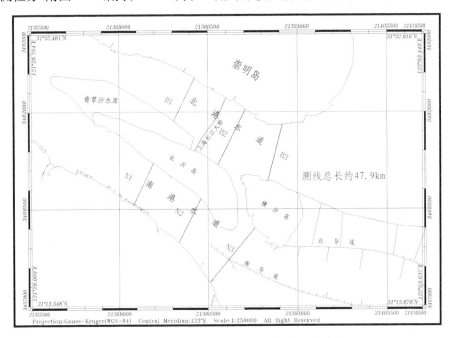

附图 1-1　北港水道、南港水道测量断面分布图

附表 1-1 预选断面测量范围

预选断面测线起、终点坐标(WGS-84 坐标系)

测 量 区 域		断面编号	起 点		终 点		线长(km)	合计(km)
			Y	X	Y	X		
崇明～长兴、横沙及长兴、横沙南侧海域	北港	B1	21378636	3486427	21374518	3478571	8.9	47.9
		B2	21385708	3482371	21381426	3474352	9.1	
		B3	21390866	3480398	21388848	3473113	7.6	
	南港	N1	21372851	3475389	21370029	3469997	6.1	
		N2	21379646	3471064	21376390	3465112	6.8	
		N3	21387034	3467051	21380764	3460036	9.4	

2 项目实施以来开展的工作和计划执行情况

自 2007 年承担此项工作以来,东海环境监测中心项目组认真组织和准备,编制了该项目的实施方案和每航次水下地形测量的任务书,并按照《海洋工程地形测量规范》(GB17501—1998)和《全球定位系统(GPS)测量规范》(GB/T18314—2001)的要求,认真开展外业水下地形测量工作。

我单位项目组共组织长江口北港水道、南港水道四次固定断面水下地形外业监测任务,分别是 2008 年 4 月 1～5 日的第一次冬季地形测量,2008 年 9 月 16～19 日的第一次夏季地形测量,2009 年 4 月 8～10 日的第二次冬季地形测量和 2009 年 9 月 15～17 日的第二次夏季地形测量(附图 1-2)。

附图 1-2 长江口南、北港水道固定断面水下地形测量

固定断面水下测量时采用无锡海鹰 SDH-13D 单频测深仪和加拿大 CSI DGPS-MAX 等仪器,布线用 WGS-84 坐标系,高斯-克吕格投影,中央经线设置为 123°,6°分带。实地测量克服了长江口内测量区鱼网多、地形复杂等困

难,按计划、顺利地完成了项目所要求的外业测量任务(附图 1-3)。

附图 1-3 春季水深测量时 B3 断面线附近鱼网

为了进行实测水深数据的潮位订正,我单位项目组收集了上海市水文总站提供的四个调查航次吴淞口、堡镇、马家港验潮站实时潮位数据(吴淞零点),每 10 分钟一次潮位数据;上海市海事局提供的四个调查航次横沙验潮站实时潮位资料(吴淞零点),每 30 分钟一次潮位资料;并按项目方案要求在横沙岛西北侧布设了一个临时验潮站(31°22′35.8″N,121°47′27.3″E),获取每个航次水下地形测量时同步进行的每 10 分钟一次潮水位数据(附图 1-4)。

其中临时验潮站水尺零点利用上海勘察设计院提供的三等水准 F4 点(坐标:15858.051,30881.102;高程:6.695 m),通过水准仪引测获得临时验潮站高程为 4.474 m(吴淞零点)。我单位利用南方测绘水上导航系统软件进行了实测水深数据的验潮站水位订正,以上海吴淞基面作为深度基准面。由于长江口内水道多,潮位区域性差别较明显,因而我单位对不同的水深测线采用了不同的邻近验潮站实测潮位来进行水位订正。水位订正时,B2 和 B3 测线采用横沙临时验潮站进行水位订正;B1 测线采用堡镇和横沙临时验潮站插值的潮位进行水位订正;N1 和 N2

附图 1-4 临时验潮站上固定水尺

测线采用马家港验潮站资料进行水位订正；N3 测线采用邻近的横沙验潮站
潮位资料进行水位订正（附图 1-5）。

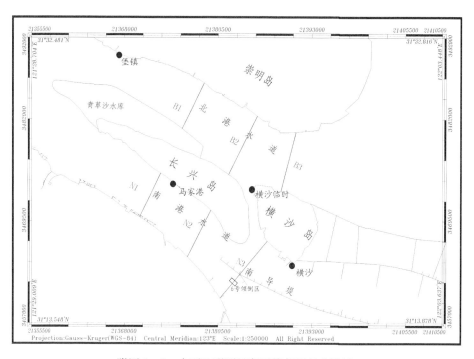

附图 1-5　水下地形测量断面线邻近的验潮站

我单位项目组利用水位订正后的水深数据进行了断面剖面图绘制工作，
绘图水平比例尺为 1：10 000，垂直比例尺 1：250，现已绘制了项目任务所需
的长江口南港水道、北港水道 B1、B2、B3、N1、N2 和 N3 测线的断面剖面图。

3　断面剖面图及水深变化分析

1. B1 断面剖面图分析

B1 断面剖面图位于北港水道、上海长江大桥的西侧，南、北两端连着长兴
岛的青草沙水库和崇明岛。由附图 1-6 可知，该剖面水深差异很大，有深达
17.5 m 的北港深水航槽，也有浅仅 1 m 靠近北岸 1 km 和浅达 5 m 靠近南岸
1.2 km 处的沙波。B1 断面四次实测资料显示：该断面处的北港深水航槽有
逐年变深的趋势，变深幅度最大值达 2.5 m；而靠南侧青草沙水库 1.2 km 处
的沙波，则有逐年淤高趋势，淤高幅度最大值达 3.5 m；靠北侧岸边近 1 km 内
的沟槽地形较为稳定。

附图 1-6　B1 断面剖面图

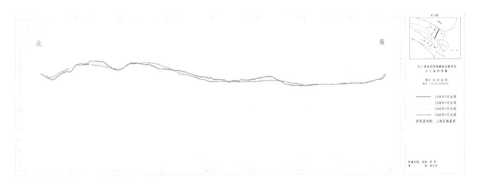

附图 1-7　B2 断面剖面图

2. B2 断面剖面图分析

B2 断面剖面图位于北港水道、上海长江大桥的东侧,南、北两端连着长兴岛和崇明岛。由附图 1-7 可知,该剖面水深差异不大,水深一般都在 10 m 左右,水下地形坡度小。比较四次测量结果,可以看出靠近北岸 1.2 km 内的沿岸沟槽刷深近 1 m,现场调查显示该处岸边草滩坍塌(附图 1-8);靠南侧岸线 1.5 km 内的水下地形稳定;而在其他段落的水下地形以淤高为主。

3. B3 断面剖面图分析

B3 断面剖面图位于北港水道,南、北两端连着横沙岛和崇明岛。由附图 1-9 可知,该剖面北侧的水下地形有两处水深 1~3 m 的沙波和一处深达 10 m 的沟槽,剖面南侧的水下地形平坦且逐渐变深。比较四次测量结果,可以看出靠南侧岸线 2.5 km 内的水下地形逐渐淤高,最大淤高幅度达 2 m;靠近

附图 1-8 B2 断面崇明岛一端岸边草滩坍塌

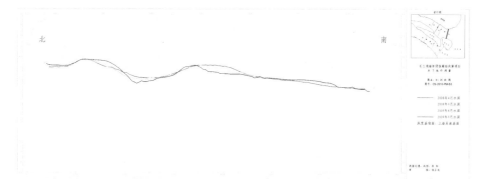

附图 1-9 B3 断面剖面图

北岸线 1.2 km 处的沙波体增大和变浅,靠近北岸线 3.5 km 处的沙波体减小和变深,位于两个沙波间的沟槽水加深,幅度最大达 2 m。

4. N1 断面剖面图分析

N1 断面剖面图位于南港水道,南、北两端连着浦东新区的外高桥和长兴岛。由附图 1-10 可知,该剖面水下地形较平坦,水深为 7~13 m,北侧靠近马家港码头附近水深较深,为 12.5 m。比较四次实测资料,该断面水下地形形态基本稳定,有加深的趋势,2008 年 4 月至 2009 年 9 月,水下地形加深幅度在 1 m 左右。

5. N2 断面剖面图分析

N2 断面剖面图位于南港水道,南、北两端连着浦东新区的外高桥和长兴

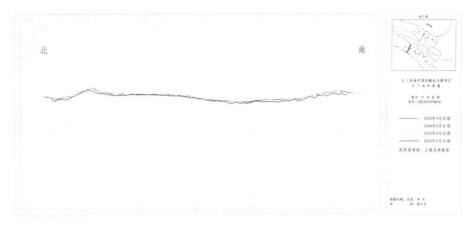

附图 1-10　N1 断面剖面图

岛。由附图 1-11 可知,该剖面水下地形较平坦,水深大多为 10～12 m,北侧靠近的长兴岛新建的江南造船厂码头,水深 12.0 m。比较四次实测资料,该断面水下地形形态基本稳定,有加深的趋势,2008 年 4 月至 2009 年 9 月,水下地形加深幅度在 0.7 m 左右。

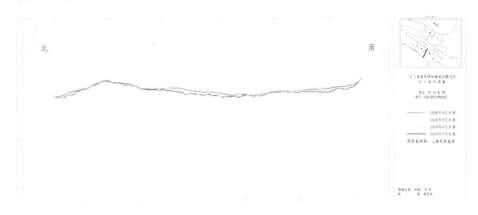

附图 1-11　N2 断面剖面图

6. N3 断面剖面图分析

N3 断面剖面图位于南港水道中的南槽和北槽水道,断面横跨长江口深水航道的导流堤,导流堤附近水深浅,无法测量,因而此断面线被导流堤分割成南、北两段(附图 1-5)。

N3 断面北侧测线的水下地形显示:该剖面水下地形起伏较大,岸边水深在 2.5 m 左右,航道航槽水深 7.5～12.5 m,航道内有两个水较深的沟槽。比

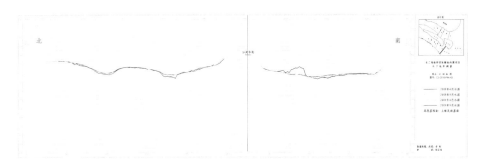

附图 1-12　N3 断面剖面图

较四次实测资料,该北断面测线水下地形形态基本稳定,靠近导流堤的深水航道沟槽有加趋势深,2008 年 4 月至 2009 年 9 月,此沟槽加深近 2 m。

　　N3 断面南侧测线的水下地形显示:该剖面水下地形起伏较小,航道宽,且航槽水深大多为 10~12.5 m。比较四次实测资料,该南断面测线水下地形形态基本稳定,靠近南岸的断面线有微弱加深的趋势,2008 年 4 月至 2009 年 9 月,水下地形加深幅度在 1 m 左右。

　　2009 年 9 月航次,靠近导流堤南侧约 1 km 的测线,水下地形有异常,突然有淤高约 3.5 m、长约 500 m 的测量线段。经过核实,此段地形淤高原因是,此处为长江口深水航道的 6 号倾倒区(附图 1-5),2009 年夏秋季因为倾倒量大,造成短期的水下地形突然淤高。

　　总之,通过四次水下地形测量资料的分析,可以得出:长江口南港水道水下地形形态基本稳定,但水下地形有加深的趋势,2008 年 4 月至 2009 年 9 月,加深幅度一般在 1 m 左右;长江口北港水道水下地形存在沟槽和沙波等基本形态,沟槽和沙波形态经常有淤高、刷深或移动等变化,除西侧的 B1 测量断面中间深水航槽明显变深外,其他断面总体水下地形还没有表现出整体侵蚀的趋势,目前处于相对稳定阶段。

附录 2　杭州湾北岸断面调查报告

（上海东海海洋工程勘察设计研究院）

1　项目概况

1.1　预期目的

通过对长江口北港水道、南港水道及杭州湾北岸海域预先选定的断面进行水下地形测量，为长三角海岸侵蚀辅助决策提供基础资料。

1.2　测量位置及比例尺

测区位于杭州湾北岸海域。

A. 东海大桥两侧

在平行东海大桥两侧约 1.5 km 处各布设 1 根测线，测线长 7 km，测线总长 14 km。

B. 管线区

在芦潮港与东海大桥之间，布设 2 根测线，间隔 2.5 km，测线长 7 km，测线总长 14 km。

C. 临港工业区

在芦潮港与东海大桥之间，布设 3 根测线，间隔约 2.5 km，测线长 7 km，测线总长 21 km。

D. 上海石化六次围堤两侧

在上海石化六侧围堤前沿布设 3 根测线，间隔约 2.7 km，测线长 7 km，测线总长约 21 km。

杭州湾北岸断面测线总长约 70 km，见附表 2-1，具体位置参见附图 2-1。

附表 2-1　杭州湾北岸海域预选断面测量范围

测 量 区 域		断面编号	起　　点		终　　点		线长(km)	合计(km)
			Y	X	Y	X		
			预选断面测线起、终点坐标（WGS—84 坐标系）					
杭州湾北岸海域	东海大桥	Q1	21394527	3415180	21397572	3408878	7.0	70.0
		Q2	21397119	3416373	21400357	3410167	7.0	

预选断面测线起、终点坐标(WGS—84 坐标系)							
测 量 区 域	断面编号	起　　点		终　　点		线长(km)	合计(km)
		Y	X	Y	X		
杭州湾北岸海域	管线区 G1	21391265	3414885	21391507	3407890	7.0	70.0
	G2	21393061	3414741	21394570	3407905	7.0	
	临港工业区 L1	21382531	3414789	21382327	3407792	7.0	
	L2	21385534	3414662	21385330	3407665	7.0	
	L3	21388533	3414399	21388329	3407402	7.0	
	上海石化 S1	21340133	3398733	21342495	3392143	7.0	
	S2	21337247	3398772	21338613	3391906	7.0	
	S3	21342447	3400109	21345937	3394041	7.0	

　　1.3　测量依据、技术路线、要求

测量依据：

《海洋工程地形测量规范》(GB17501—1998)(简称《技术规范》)；

《全球定位系统(GPS)测量规范》(GB/T18314—2001)。

技术路线：

采用单波束测量方法对预选断面进行水下地形测量。

要求如下。

① 平面系统：WGS‐84 坐标系。

② 投影：高斯‐克吕格投影，中央经线 123°，6 度带。

③ 深度基准面：上海吴淞基面。

④ 测量比例尺：1∶5 000。

2　项目实施

2.1　外业调查准备

本次外业调查前，东勘院对此项目有关质量控制方面，包括人员资质、测量仪器的校准、数据审核等做了明确的规定。

2.1.1　人员

水下地形测量人员为顾君晖、李天一、唐明峰，质量控制人员为顾君晖；其

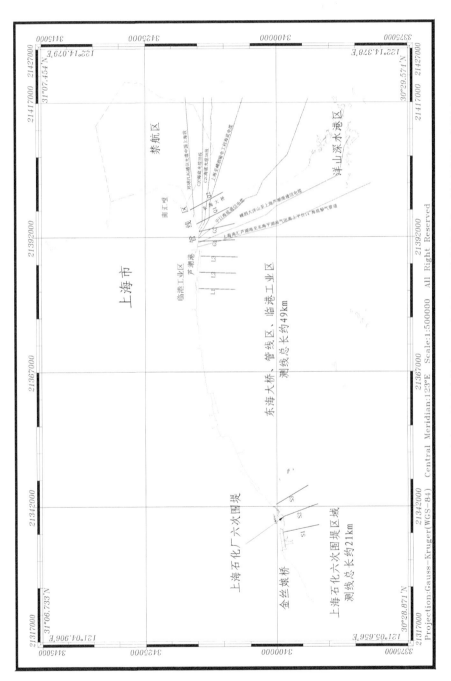

附图 2-1　长江三角洲海岸侵蚀辅助决策水下地形测量——杭州湾北岸区域测量断面布设图

余为测量辅助人员;所有测量人员和质量控制人员均持证上岗。

2.1.2　仪器

测量定位仪器采用美国产 Trimble DSM132 型信标 GPS,仪器标称精度 1～3 m,外业调查前均送至法定计量单位校准有效,校准情况如附表 2－2 所示。

附表 2－2　**Trimble DSM132 型信标 GPS 校准情况一览表**

型　号	序列号	校准证书编号	校准有效期	定位误差校准
Trimble DSM132	0224078719	2008—01384	2008.4.28～2009.4.27	$\delta=1.0$ m
Trimble DSM132	0224078332	2008—01383	2008.4.28～2009.4.27	$\delta=0.2$ m

校准单位:上海市测绘产品质量监督检验站计量校准实验室

测量所用测深仪为国产无锡海鹰加科 HY1600 型精密浅水单波束测深仪,外业调查前送至相关法定计量单位检定有效,如附表 2－3 所示。

附表 2－3　**HY1600 单波束测深仪检定情况一览表**

型　号	序　列　号	检定证书编号	有　效　期
HY1600	06028	仪检字第 2008041008 号	2008.4.10～2009.4.9
HY1600	06029	仪检字第 2008041007 号	2008.4.10～2009.4.9

检定单位:江苏省计量测试网络第 43 检测站

注:2007 年度、2009 年度 GPS 和测深仪也均符合检定要求。

2.2　外业调查实施

2.2.1　GPS 比测

为了保证测量定位数据的准确可靠,穿插于外业调查期间,我们对调查中使用的 2 台信标 GPS 与已知控制点进行了比测。每台信标 GPS 测时间约 60 min,采样间隔 10 s。与已知控制点比测情况如附表 2－4 所示。

附表 2－4　**控制点比测情况表(WGS-84 坐标系)**

控　制　点	已知点平面坐标(m)		标准偏差(m)		接收机 (SN)	比测 人员
	Y	X	ΔY	ΔX		
G3318(国盛大酒店)	381904.694	3455750.666	0.33	0.47	0224078719	李天一
G4240(奉新)	358885.679	3412206.125	0.40	0.53	0224078332	唐明峰

经比测可认定:地形断面外业测量所用的 2 台信标 GPS 均满足《技术规

程》的精度要求。

2.2.2　测深仪安装

水下地形测量的测深仪换能器固定安装在船舷，测深仪换能器中心与定位中心一致，无须进行偏心改正。

2.2.3　潮位控制

整个测量使用芦潮港、金山石化长期验潮站进行潮位控制。金山石化长期验潮站用于控制 S1、S2 、S2 断面；芦潮港长期验潮站用于控制 L1、L2 、L3、G1、G2、Q1、Q2 断面。

2.2.4　水下地形测量实施

导航定位系统由信标 GPS 和便携式电脑组成。测量采用美国 Trimble DSM132 信标 GPS 进行导航定位，其动态精度优于 3 m。

施测时，启动南方测量软件，按软件提示设定线号、方向、采样方式（本次地形测量采用距离方式）、采样间隔。由导航人员引导测量船至测区后开始作业，计算机实时采集定位、水深等数据，显示到图形界面。根据预定测线，动态地修正航向、航速，使测量船沿预设测线走航。本次测量采用距离控制的测量模式，测量船达位置时，计算机存贮坐标位置、水深等测量数据；并在测深模拟记录打上标记线。测量数据的定位间隔按 50 m/点，实现导航、定位、数据采集自动化。作业过程中导航人员严密观察信标 GPS 卫星信号锁定、差分情况，并做好相应的记录。

测深仪操作人员根据水深实际情况精心调节，在测深模拟记录上做好标识，并做好相应的记录。水深模拟上的记录信息主要有：工程名称、船名、仪器系列号、测量日期、测量时间、线号、定位点号、异常情况、记录人员等。作业过程中技术人员对测量进行严格的质量控制，现场定岗，定时核对定位点号，标定 Mark 线。

① 每日开始作业前，用钢尺量取吃水，换算后直接输入测深仪，进行实时改正；设定声速值，测深仪直接进行声速改正。

② 施测时运用测量软件，不断修正航向，控制测量船沿预设测线走航，尽可能避免超过规定间隔的 20%。

③ 外业工作期间，及时对定位和测深数据进行回放，检查测量情况，保证了测量数据的准确性、有效性。

④ 对检查后发现如下情况必须进行补测：测深仪信号中断（或模糊不清）超过图上 5 mm 时；测深仪信号不能正确量取水深时；GPS 信号中断（或有强干扰）超过图上 5 mm 时、验潮中断时、漏测。

每天工作结束后，及时将外业测量数据录入计算机并进行备份。

本项目进行了 2 个年度共四个航次的外业调查。分别为：2008 年的 4 月 6 日至 4 月 7 日；2008 年 9 月 12 日、9 月 23 日；2009 年的 4 月 2、3、5、9 日；2009 年 9 月 17 日。共完成了杭州湾北岸海域 4 次 10 个断面的水下地形测量，共计约 280 km 的测线。

3 数据处理

3.1 定位数据异常值检测及修正

在测量过程中，当信标 GPS 发生信号异常，差分数据链传送障碍而造成差分信号失锁时，可出现定位点跳跃，从而导致定位数据异常点出现。对定位数据异常值的检测及修正主要有两种方法：测线自动判别法与航迹图目视判别法，测线自动判别法是根据测线上测点之间的相对关系，编程自动实现数据检测及修正的一种方法；航迹图目视判别法则是先利用现有软件（如 AutoCAD、HYPACK 等）生成航迹图，然后根据航迹图上定位数据的相对位置进行异常值的检测，该法比较直观，对异常数据进行修正主要是采用手动修正或利用现有软件进行自动修正。

本项目中数据后处理中，采用了航迹图目视判别法进行定位数据异常值的检测及修正。先将航迹图展绘在 AutoCAD 中，采用线性插值的方法对"飞炮"点或不合理点进行插值修正。在整个测量过程中未发现"飞炮"现象。

3.2 水深数据异常值检测及修正

水深测量是利用回声探测定位技术，在动态的情况下，完成海上测量任务。在测量过程中不可避免地受到海上各种因素的影响，如测深现场条件干扰、现势的真实地形等，极易造成异常水深的出现。在检测修正过程中，首先要判别并修正孤立零水深（水深值小于换能器吃水）；其次要采用测线水深与记录纸检核比对法，将外业采集的水深数据进行回放，屏幕模拟显示的海底回波线与测深仪记录纸逐条测线进行比对和检查，如果发现问题，可按照记录纸上提供的水深予以修正，直至全部测线与记录纸的水深一致。水深记录回放过程中，可进行纵横向比例调整、记录速度调整、拖改或手工平滑水深、浅点选取等。本次水深回放采用南方 Hyeasy 软件。

南方 Hyeasy 软件自带的后处理模块可以实现水深数据的处理工作。处理时，采用鼠标点击、拖动的方式，进行手动处理。附图 2-2 和附图 2-3 分别反映了水深异常值及其修正之后的效果。

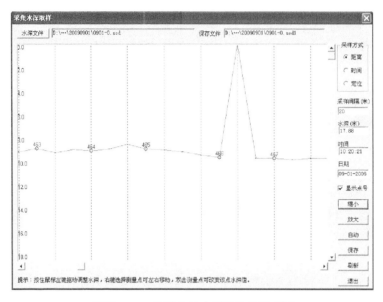

附图 2-2　检测出的水深异常值示意图

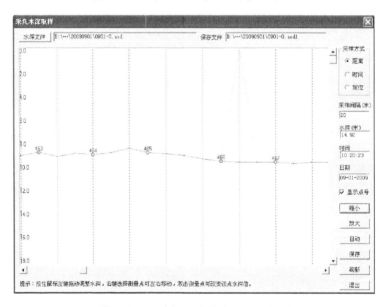

附图 2-3　水深异常值修正后示意图

3.3　数据改正

回声测深仪测得的水深数据与实际水深不同。为保证测深数据的真实、准确,测得的水深必须经过吃水改正、声速改正、潮位改正等。

3.3.1　吃水改正

本次调查所使用的调查船都比较小,测量时船速基本保持在 6 节左右,换能器的吃水在测量过程中变化较小。调查人员在每次测深仪启动前,将换能器的吃水值输入测深仪主机,调查人员定期对测深杆进行监视,若测深杆出现移动状况,则重新测量吃水深度值并及时在测深仪中修改吃水数值;若测深杆上下移动较大,则数据质量对受到影响的测线进行重测。

3.3.2　声速改正

声速是单波束测量中一项重要的参数,对声速改正有两种途径:外业调查现场声速改正和内业声速改正。

声速改正的方法主要有:利用声速剖面仪(或 CTD)测量声速、利用检查板进行声速校正。水深断面测量采用 CTD 实测温度及盐度,计算其校准声速值,公式如下

$$C = 1450 + 4.206t - 0.0366\,t^2 + 1.137(S - 35)$$

式中,t——水温(℃);

S——含盐度(‰)。

根据规定要求本项目采用内业声速改正的方法,外业调查过程中,直接将本海域声速经验值输入测深仪,进行初步改正;内业数据处理中,采用现场 CTD 采集的海水温度、盐度数据,利用声速计算公式计算校准声速;根据校准声速值,对采集的水深数据进行声速改正。

3.3.3　潮位改正

水深潮位改正采用按天分区域的方式进行。首先根据测线的分布选取合适潮位站,以达到潮位控制的作用。本水深断面测量分别在芦潮港车客渡码头与上海石化厂附近。芦潮港、金山石化长期验潮站分别位于杭州湾北岸东、西测区附近,两站均采用自动验潮设备验潮。测量作业时,获取每 10 min 一次的同步潮位观测资料,以便准确内插测量作业的实时潮位值,订正各实测点潮位。外业作业结束后,潮位资料整理后输入计算机,先绘制潮位曲线图,以检查数据的合理性。根据潮位改正值,将水尺零点读数统一换算成测量要求的深度基准面——上海吴淞基面。潮位订正时,采用样条内插法,最后逐时改正。

4　成果

本项目测量的主要成果为杭州湾北岸 2008、2009 年度冬、夏季水下地形

剖面图,共10个断面。成果图坐标系统:WGS-84;投影:高斯-克吕格;深度基准面:上海吴淞基面;横向比例尺:1∶10 000;纵向比例尺:1∶250。

　　图号:CS-2010-PM-G1　　水下地形剖面图(管线区)

　　图号:CS-2010-PM-G2　　水下地形剖面图(管线区)

　　图号:CS-2010-PM-Q1　　水下地形剖面图(大桥区)

　　图号:CS-2010-PM-Q2　　水下地形剖面图(大桥区)

　　图号:CS-2010-PM-L1　　水下地形剖面图(临港工业区)

　　图号:CS-2010-PM-L2　　水下地形剖面图(临港工业区)

　　图号:CS-2010-PM-L3　　水下地形剖面图(临港工业区)

　　图号:CS-2010-PM-S1　　水下地形剖面图(石化区)

　　图号:CS-2010-PM-S2　　水下地形剖面图(石化区)

　　图号:CS-2010-PM-S3　　水下地形剖面图(石化区)

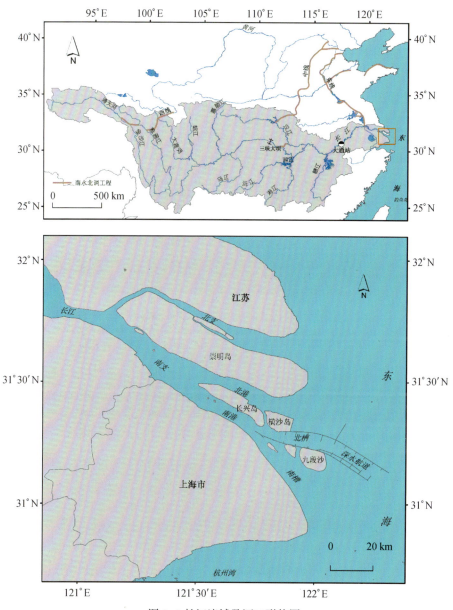

图 2-1 长江流域及河口形势图

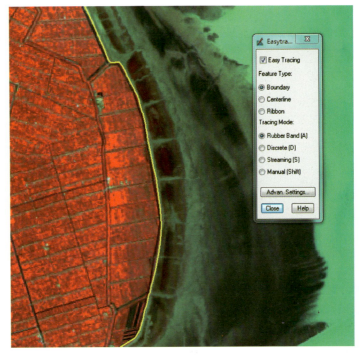

图 3-1　ERDAS 软件智能矢量化示例（黄线为矢量化结果）

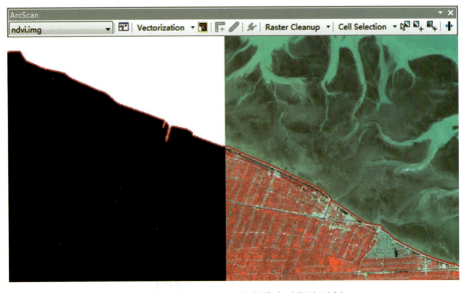

图 3-2　基于 ArcScan 的岸线自动提取示例

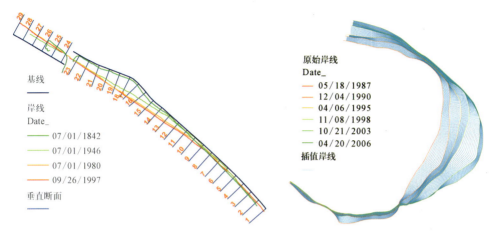

图 3-3　垂直断面（DSAS 示例数据）

图 3-5　崇明东滩的岸线插值结果

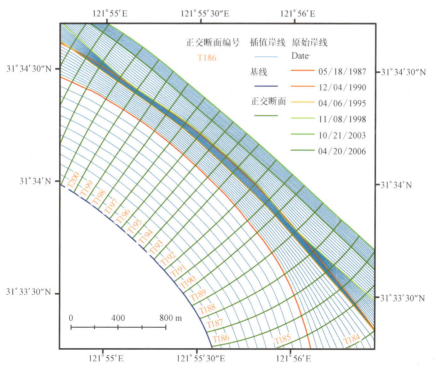

图 3-7　崇明东滩东北部岸段的插值岸线及正交断面

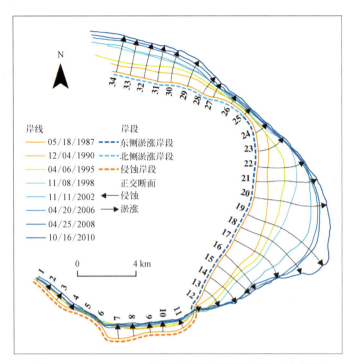

图 4-2　1987～2010 年崇明东滩的岸线变化及三个分段

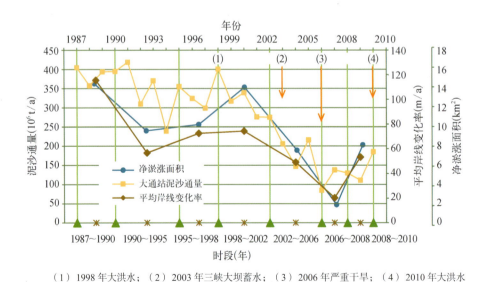

（1）1998 年大洪水；（2）2003 年三峡大坝蓄水；（3）2006 年严重干旱；（4）2010 年大洪水

图 4-5　1987～2010 年大通站泥沙通量、崇明东滩总体平均岸线变化率和净淤涨面积变化
　　　　趋势图。

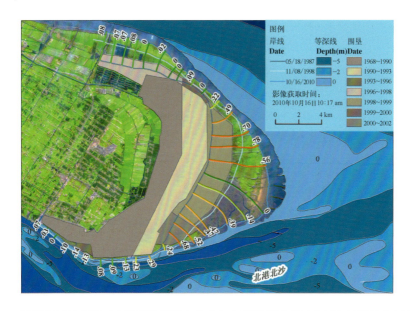

图 4-6 崇明东滩每条断面上的平均岸线变化率与大通站泥沙通量之间相关性的空间分布图

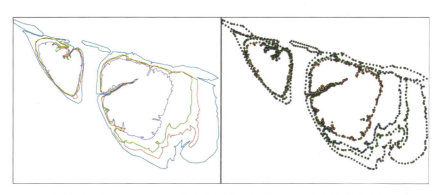

图 5-1 由遥感影像提取的水边线（左）及离散后的水边点（右）

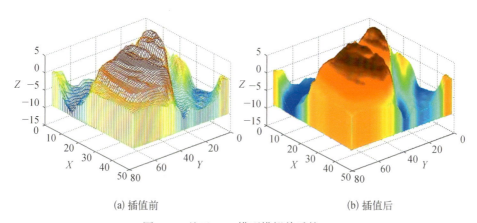

(a) 插值前   (b) 插值后

图 5-4 基于 fBm 模型模拟前后的 DEM

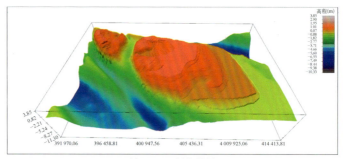

(a) Kriging插值结果

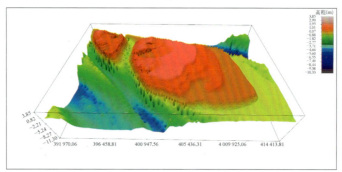

(b) IDW插值结果

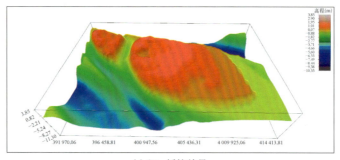

(c) fBm插值结果

图 5-5　三种不同的插值方法值模拟得到的九段沙地形

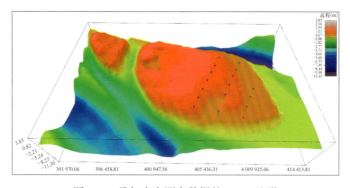

图 5-6　叠加有实测点数据的 DEM 地形

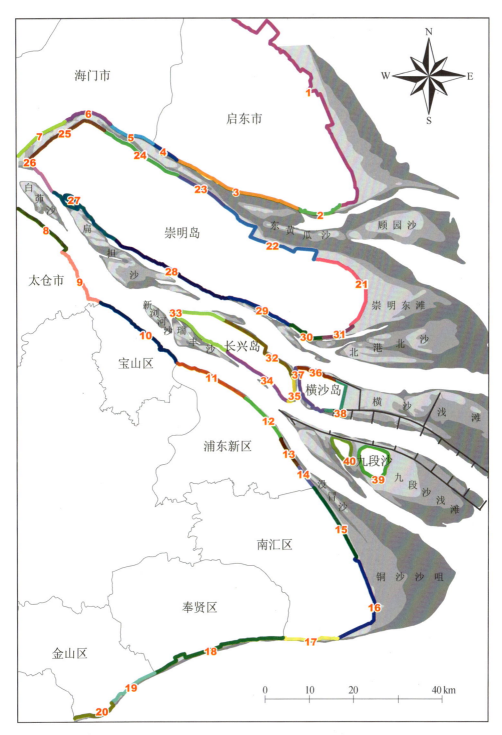

图 6-2 长江三角洲海岸侵蚀风险评价基本单元

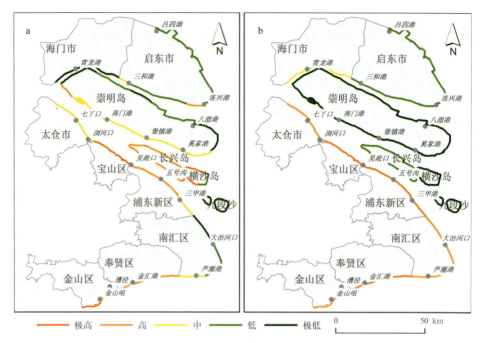

图 6-4 脆弱性水平（a）和灾害水平（b）分布图

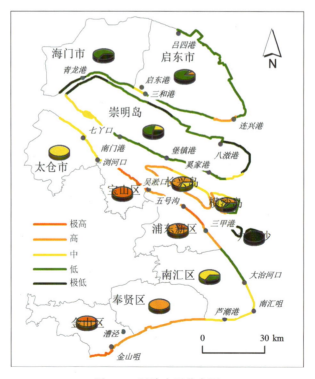

图 6-5 风险水平分布图